JN067684

岡さんの 知ったか！ ワイン塾

日本ソムリエ協会
名誉会長
岡 昌治 監修

クリエテ関西

はじめに

私が(一社)日本ソムリエ協会四代目会長に就任したのは２０１０年10月のこと。その時、夢に描いたのは「ワインは難しい」というイメージを払拭し、美味しくて楽しい飲み物であることを日本の皆さまに知っていただきたいということでした。

「堅苦しく考えず、気軽に飲んでもらえればワインはもっと美味しくなる」と思いながら、日々ソムリエとして仕事をしていたある日、関西の食の雑誌「あまから手帖」から、嬉しいお話が舞い込みます。初心者からそれなりにワインを知る方々に向け、〝今さら聞けないワインのアレコレ〟について連載をしたいというのです。もちろん二つ返事でお引き受けしました。

私が塾長、編集部スタッフが「塾生」となり、２０１３年「岡さんの知ったか！ワイン塾」がスタートします。ところがこれがなかなか〝デキのいい〟生徒たちで(笑)。基礎から話すのですが「ワインは何からできている?･」「ブドウです」「どうやって?･」ポカーン。「ブドウが発酵するのはなぜ?･」「糖分があるから」「糖分があるとなぜワインになる?･」ポカーン。

とまあ、一事が万事こんな調子です。それがいざ試飲となれば、イッチョマエにグラスをグルグル回す…けれどその本来の意味は知らない。つまりいわゆる〝知ったか（ぶり）クン〟だったのです。「なんでもかんでも回すのは変ですよ」「飲む順番に決まりなんてありません」。できるだけ専門用語を使わないよう、時には優しく、時には（常に?）厳しく〝知ったか〟を正しつつ、気が付けば1年生から6年生まで続く人気連載となりました。

それを一冊にまとめ、加筆したこの本はワインの専門書ではありません。肩の力を抜いてパラパラとページをめくり、正しい〝知ったか〟になっておけば、ワインをもっと楽しんでいただけるはず――そんな読み物です。

さあ、「岡さんの知ったか！ワイン塾」の開校です！

岡 昌治 おか まさはる

1953年大阪生まれ。大阪「リーガロイヤルホテル」マスターソムリエとして、ソムリエを統括。数々のコンクールで受賞経験を持つ日本を代表するソムリエ。そのユーモアあふれる語り口調から多くのファンに親しまれている。2004年にはフランスの食やワインの普及への貢献が認められ、「フランス共和国 農事功労章 シュヴァリエ」を、2011年には黄綬褒章を受章。日本ソムリエ協会では6年間の会長職を経て、2016年より名誉会長に就任。

本書は「あまから手帖」2013年2月～2018年12月号に収録された
連載「岡さんの知ったか！ワイン塾」、「ご法度マリアージュ」（2012年）を加筆し
再収録、一部新規収録したものです。情報は当時のものです。

CONTENTS

ブドウの品種と味わい編
38

世界のワイン ヨーロッパ編
64

LESSON 4

世界のワイン ニューワールド編
100

LESSON 5

日本のワイン編
120

LESSON 6
気になる
ワイン編
140

LESSON 7
もっと!
知ったか編
160

LESSON 1

知ったか!
基本のキ編

そもそもワインって何?
ワインはどこからやってきた?の巻/赤ワインと白ワインの巻/
単一とブレンドの巻

抜栓の巻

グラスの巻

温度の巻

テイスティングの巻

飲み口の巻

ボディの巻

ラベルの巻

ヴィンテージの巻

ハウスワインの巻

シャンパンの巻

安ワインと高ワインの巻

知ったか! 基本のキ編

そもそもワインって何? その1
ワインはどこからやってきた?の巻

ワインが農産物といわれるワケは?

岡　ワインの勉強を始める前に、そもそもワインとは何か。まずは基本を押さえておこか。

――え、そんな初歩的なところからですか?

岡　ほぉ、えらく自信がおありのようで。では質問。ワインはどうやって造られる?

――超カンタン! ブドウを発酵させて造ります。

岡　ふむ。では日本酒のように米を蒸したり、麹を加えたりしないのに、なぜブドウは発酵してお酒になる?

――えっ…と、そ、それは、ブドウには糖が含まれているから、糖がアレして分解して(モゴモゴモゴ)。

岡　まぁ2点やな、100点満点で。歴史を知っておくとわかりやすい。まず、ブドウの原産地は中央アジアと東ヨーロッパの境界、コーカサス地方といわれていて、そこから地中海地域、カスピ海沿岸に広がったという説が有力や。そのあたりに自生していた野生のブドウが、風や雨でポトポトと地面に落ちる。と、皮が破れて出た果汁が窪みなんかに溜まり、果皮にでも付着していた野生酵母の働きで発酵が進んだ。そしてできたのがワインの始まりじゃないかと考えられてる。これはずーっと昔、紀元前のお話。なにしろ世界最古のワインは、8000年も前に造られたといわれているんやからね。

――それって何時代!? 歴史があるお酒なんですね。でも、なんでブドウだったんでしょうね?

岡 後で説明するけど、アルコール発酵には糖分が必要やんか。ブドウは他の果物に比べて糖度が高く、果汁も多い。それに加えて、果皮が薄いことも関係あるんちゃうかとボクは思うねん。

——と、仰いますと?

岡 キミらも知っていると思うけれど、お酒には大きく分けて醸造酒と蒸留酒がある。ワインや日本酒はもちろん醸造酒やな。その中でも、日本酒は、蒸したり、麹菌をつけたり。「並行複発酵」と呼ばれるんやけど、人の手を加える必要がある。それに対して、ワインは「単発酵」と呼ばれ、あらゆる酒類の中でもっとも単純なメカニズムで醸されているんや。糖度の高い果汁が薄い皮を破って外に浸み出して自然に発酵するから、日本酒みたいに「糖化工程」も「仕込み水」もいらない。だから、原料となるブドウの個性が、そのままお酒の個性に反映される。これが〝ワインは農産物〟といわれる所以や。

——ワインは自然のお酒ってことですね。

岡 そ。エジプトの遺跡に描かれた絵にも見られるように、紀元前から人類はブドウを醸して飲用してきた。それだけ長〜い歴史があるのがブドウ酒ちゅうわけや。

——でも「ブドウ酒」じゃなくて「ワイン」って普通に使ってますけど…。

岡 ワインの語源はラテン語のvinum(ヴィヌム)。これは、ラテン語でブドウの樹=vitis(ヴィティス)からきているといわれている。各国での呼び名は、そこから派生したんやな。フランス語ではvin(ヴァン)、イタリア・スペイン語ではvino(ヴィーノ)、ポルトガル語ではvinho(ヴィーニョ)、ドイツ語ではwein(ヴァイン)、そして日本ではアメリカやイギリスと同じwine(ワイン)と呼ぶわけや。

——なるほど。しかし、アジアにも野生のブドウはあったはずなのに、ヨーロッパで広がったのは何かワケが?

岡 ヨーロッパは狩猟民族やから肉を食べるやろ。そうすると身体が酸性になる。そこでアルカリ性のワインを欲したんちゃうか? これはあくまでボクの妄想、想像やけどな。

LESSON 1

知ったか！基本のキ編
そもそもワインって何？その2
赤ワインと白ワインの巻

赤と白の違いは
ブドウの色の違い？

岡　ワインには赤と白があるわな。その違いは？

——色が違います！…というのは置いといて。赤は赤ワイン用の黒ブドウを使って醸し、白は白ワイン用の果皮の色が緑っぽいブドウを使うからですよね。

岡　ほほぉ、ブドウの色でワインの色が決まると。黒いブドウも皮を剥いたら果肉は赤くないけどな。なんでやろうなぁ…。シャンパーニュの中には「ブラン・ド・ノワール」いうのがあって、あれは確か黒ブドウだけで醸されたものやったと思うけど、液体は白いなぁ。なんでやろうなぁ…。ま、これはちょっと高尚すぎて、キミらにはわからんやろなぁ…。

——それは…アレですよ。そもそも製法が違いますから。

岡　さてはわかってへんな？ほなざっくり説明しよか。まず赤ワインからいくで。収穫した黒ブドウを、皮や種ごと潰して木桶やタンクなどに入れて、3～4週間ほど浸け込む。果皮などから赤い色素のアントシアニンや渋みの成分となるタンニンなんかが出てくるんやな。アントニオ猪木とちゃうで。この間に酵母の働きで、果肉の糖分がアルコールと炭酸ガスに分解されて、発酵が進んでいく。こうして発酵させたものを樽やらタンクに入れて熟成させてできるのが赤ワインや。発酵の途中で早めに皮を引き上げると？

——あっ、ロゼワインになる！

岡　そうやな。ロゼの造り方にはいろいろあるけれど、まぁそれはまた追い追いと。一方で、白ワインは、ギューッと搾ったブドウの果汁を漉して、皮や種を除いたクリアなブドウジュースにして、それを発酵、熟成させたものということや。つまり、白ワインは皮の色の濃い薄いにかかわらずできるけれど、赤ワインは皮の色が黒いブドウからしか造れない。

――そう考えると、赤ワインってとても原始的な造り方なんですね。

岡　昔の絵や映画なんかで見たことないか？ 木桶に入れたブドウを女の人が足で踏み踏みしているようなやつ。あれがワイン造りの原点や。ちなみにあの踏み踏みの作業は「ピジャージュ」というて、ちゃんと意味があるんやで。木桶に皮ごとブドウを入れてアルコール発酵させると、炭酸ガスが発生するわけやな。そうすると、皮や種などの固形物が桶の上のほうに浮かび上がってきて、表面を覆ってしまうんや。そうなると、下のほうには空気が入らず充分に発酵が進まない。そこで、全体が均等に発酵するように空気を入れて循環させる必要がある。ムラなく、酸素を供給して、果皮の成分を抽出するための作業なんや。人の手や足で行うのが「ピジャージュ」。機械でタンク内のワインを循環させるのが「ルモンタージュ」。ま、沸かしたての上のほうだけが熱いお風呂をかき混ぜて、ちょうどいい湯加減にするのと同じことやな。

――ワインとお風呂が一緒⁉

岡　わかりやすいようにゆうた比喩。喩えやで！

――あ、なるほど。ありがとうございます。

知ったか！ 基本のキ編

そもそもワインって何？ その3
単一とブレンドの巻

異なるブドウを混ぜるのはなぜ？

岡　ほな、そろそろ実際にワインを飲んでみようか。チリの赤ワインを持ってきたで。

——ブドウ品種は何だろ？ ラベルに「カベルネ・ソーヴィニヨン」と書いてありますね。

岡　メルロがちょっと入ってるから、初心者にも飲みやすいと思うで。

——えっ、カベルネ・ソーヴィニヨンって表示されてるのに他のブドウも混ざってるんですか？

岡　ははぁん、さてはラベルに記載されていれば、その品種のみで造られたと思ってるようやな。基礎知識として説明しておこか。ワインには、1品種のブドウだけで造る「単一ワイン」と、数品種を組み合わせて造る「ブレンドワイン」がある。

——確か、ブルゴーニュは「単一ワイン」のはず…。

岡　さすが知ったかクン、その通り。シャルドネやピノ・ノワールなどブドウ1品種だけで造られているワインで有名なのがフランスのブルゴーニュ地方やな。一方、同じフランスでもボルドー地方は、カベルネ・ソーヴィニヨン、メルロ、カベルネ・フランなどの主要品種をブレンドして造られる赤ワインで知られる銘醸地や。

——憧れの5大シャトー!!

岡　はいはい、落ち着いて。単一ワインは、そのブドウ品種の持ち味をダイレクトに表現することができるんや。飲み手にとっても、どんな味わいのワインかがイメージしやすいというメリットもある。

――それなのに、どうしてブレンドするんですか？

岡　ブドウは、品種によってそれぞれ特徴があるんや。詳しい話は後でしっかり勉強するとして、華やかな香りのものや、渋みの強いもの、早く熟成するタイプなど。個性のあるブドウをブレンドすることで、より複雑な味わいのワインを造ることができるんや。

――じゃあ単一とブレンド、どっちがエライんですか？

岡　ブレンドすることでよさを出すエリアと、品種そのものの味わいをシンプルに表現するのをよしとするエリア。これは、そのエリアの伝統や風習、造り手による。後で学ぶテロワールとも関係するけれど、先人の知恵が培ったものともいえるやろね。どっちがエライとかいうのはないけれど、フランスを始めとするワイン先進国、つまり〝旧世界〟の国々では、その土地で栽培できるブドウ品種が法律で定められているところも多く、エリアによっては、ブレンドしなければA.O.P.※(原産地呼称保護)が名乗れないこともある。逆に、ブルゴーニュのように単一品種がメインで造られているエリアでは、ブレンドしたワインは格が下がってしまうこともある。

――ところで、このカベルネ・ソーヴィニヨンは、メルロがブレンドされているのに、なぜラベルに「カベルネ・ソーヴィニヨン」と表示されているんですか？

岡　国によって基準は様々やけど、85％以上使っていれば表記できるなど、決まりがあんねん。そやから、ブドウ品種の名前が書いてあるからといってそのブドウ100％とは限らないんや。

――なるほど。で、ワインのブレンドって、どうやるんですか。まさか、できあがったこっちのワインと、あっちのワインをジャーッと混ぜる……？

岡　その、まさかが正解や。

――えっ！本当に？

岡　同じ造り方をしても、ヴィンテージによって味わいが変化するワイン。その微妙な配合比率の調整によって、目指す味わいに仕上げるのが、造り手の腕の見せどころいうこっちゃな。さて、それでは抜栓から学んでいこか。

※EUのワイン法の地理的表示。フランスではA.O.C.(原産地統制呼称)とも。

知ったか！基本のキ編

抜栓の巻

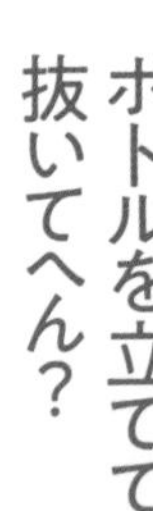

岡　さ、基礎を学んだところで、乾杯といこか。

——では、僭越ながら私めが、素人でもラクに抜栓できるソムリエナイフを使いまして、まずはボトルをテーブルにしっかりと置いて押さえて、と。

岡　ちょっと待ちぃな。抜栓する時、〝ボトルは真っ直ぐ〟って思い込んでるクチやな？

——だってワインはあんまり動かしちゃいけないもの、ですよね。

岡　ワインボトルを立てて抜くのも間違いやないけど、正解でもないで。真っ直ぐやと力が入りすぎるし、引力でコルクの破片も落ちやすくなるやろ。

　このくらい〝寝かす〟と、力の入り具合が程よいし、家飲みの時もスマートに抜きたいやん。真っ直ぐ立てた状態やと、抜く時につい力任せにソムリエナイフを向こう側に倒してしもて、コルクも割れやすいねん。

——割れた場合は、中に落としちゃえば別に問題なしですよね？　コルクの破片は、茶漉しで漉して…。

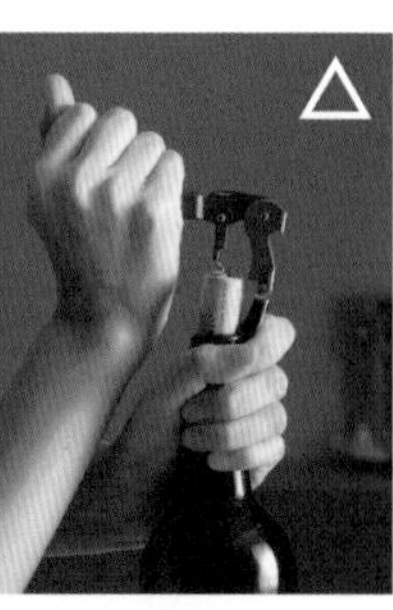

↓スマートに…

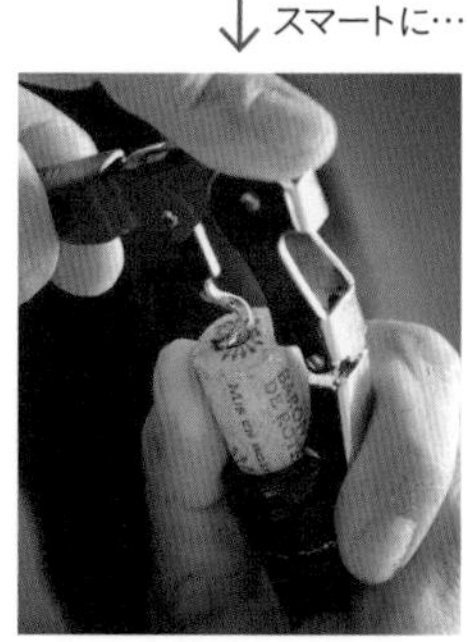

岡　まぁそれも間違いやないけど、コルクは薬品を使って洗ってるもんやからね。ボクなんかは、もう一回差し込んでなんとか救出するよう努力する。どないもならん時は仕方ないから中に落として、デキャンタなどに移して飲むに限る！

――では慎重に慎重に…スクリューの先端を真ん中からちょい外に刺してと。

岡　なんで中心の外側に刺すん？　回転するからいうて、そんなことせんでも素直に真ん中に刺したらええねん。ド真ん中に差し込んで、最後まで入ったら、左手で補佐しながら真っ直ぐに引き抜くんやで。コルクはなるべく音をたてずに抜くべし。ため息のようにね。

――プスッ、と無事に抜けたら、コルクをクンクン、と。

岡　それ、何を匂ってるん？　単なるお約束みたいなもんやと思ってるやろけど、これにもちゃんと意味があるねんで。まずここで、ワインに異常がないかのファーストチェック。もし、鼻を刺すようなお酢みたいな匂いがしたら「オキシデ」（P166参照）いうてワインが酸化してることもある。湿った段ボールみたいな匂いがしたら、コルクに付着したカビなどがワインに移ってることが多々。これは「コルキー」いうねんけど、そういうことがないかを確かめるんや。

――噂の「ブショネ」（P172参照）ってやつですか？

岡　お、知ってるがな。そうや。ブショネのワインに当たった場合には、レストランでは当然のこと、店で買ったワインでも交換してもらえる。もちろん飲んでしもて空っぽではあかんで。

知ったか！基本のキ編
グラスの巻

ええワインは大きいグラスで飲む？

——今日は、奮発して上等なワインを持ってきました！

岡　お、ブルゴーニュの96年やん。これをそんなおっきいグラスに注ぐんかいな。もったいないなぁ。ボクはこっちでいただくとしよ。

——それってブランデーグラスじゃないですか。ぷーっと膨らんで、丸みを帯びた大きなグラスがブルゴーニュ型でしょ？

岡　単一品種のブドウで醸されるブルゴーニュは、大きめの、口がすぼまったグラスに注ぐことでワインが空気に触れて香りがより複雑になる。対して複数のブドウを使うボルドーは、そのまま香りが立ち上がるタマゴ型のグラスが合う。一般的にはそんな風にいわれてるけど、熟成が進んだワインは、そのままの味や香りを楽しみたいから、ボクは口のすぼまった小さいグラスで飲むねん。

——これ以上、空気に触れさせる必要がないって判断されたわけですね。

岡 そや。大ぶりのグラスが贅沢やと思ってる人が多いけど、一概にはいわれへん。香りを立たせたり複雑にしたい時は、シャンパンをあえて口の広いワイングラスに入れたり、白ワインを膨らみのある大きいので飲んだりすることもある。ちなみにブルゴーニュの赤は、澱がたまってもデキャンタージュをしないことが多い。この風船型だと傾けた時、膨らみの部分に澱がたまって口に入りにくいという利点もあるねん。

香りだけじゃなく、味わいもグラスの形によってガラリと変わる。あれこれ言うより、実際に2つのグラスで、このリースリングを飲み比べてみたらわかるんとちゃう?

——まずは、口が外側へカールしたグラス(写真左)で。かなりしっかりとした味わいですね。お次はタマゴ型(右)に入れて、と。え? こっちは酸味があってスッキリ…って、これってホントに同じワイン!?

岡 リースリングは、もともと酸の強いブドウ。タマゴ型のグラスで飲むと、最初に舌の真ん中にある酸を感じるポイントにワインが落ちて、スッキリした味わいになる。一方外側へカールしたグラスで飲むと、舌先の甘みを感知するところへワインが落ちてから、じんわり酸味のポイントに届いて広がるから、なめらかな酸味で、しっかりした味わいに感じるんやね。

——グラスの膨らみは香り、口の形状は味わいと深く関わっているわけですね。フムフム。

岡 あとその持ち方やけどな、脚を持つのはエエけど、親指、人差し指、中指の3本で脚の一番下を持って、残り2本で台座を支える。真ん中を持つより、指が長く見えて美しいとボクは思うで。

LESSON 1

知ったか！基本のキ編
温度の巻

赤は室温、白はキンキン？

――飲み頃のシャルドネ、冷やしておきました！

岡　おっ、立派なワインクーラーやなあ。それにしても、今年もワインの美味しい季節がきたねぇ。

――え、ワインに季節？

岡　それがあるねん（と、言いつつワインをひと口）。わ、キミ、これはやりすぎ。冷たすぎるわ。「白は冷やす」いうても適温ちゅうのがあるやろ。かわいそうにこれじゃ味も香りも凍りついてしもてるやん。こっちのグラスに注いでしばらく置いて飲み比べてみ。ちなみに今、ワインクーラーの中、何℃になってる？

――えーと、0.4℃…。

岡　ワインを凍らすつもりかいな（笑）。で、そのキンキンのお味は？

――酸味スッキリで喉ごしよし。

岡　ほな、こっちはどうや？

――うわっ、ふくよかで程よい甘みもあって、バランスのいい味わい。こっちの温度は…10℃弱ですか。

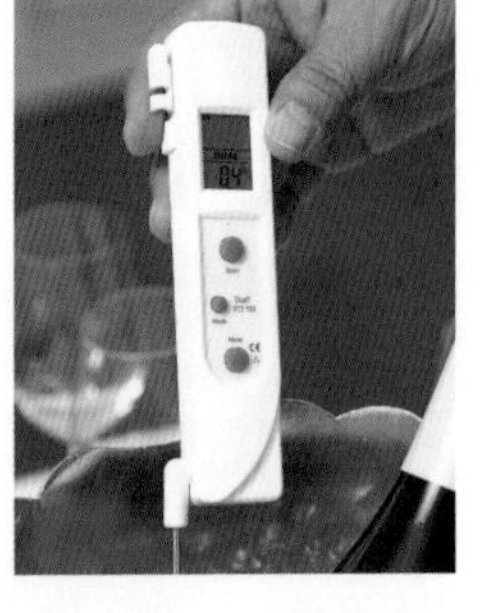

岡　香りもあって旨みが感じられる白の適温は、だいたい８℃前後。同じシャルドネでも、樽熟成のものや格の高いものなら12～13℃くらいのほうが旨みが膨らんで、美味しく感じる場合もある。８℃いうたらまぁ、冷蔵庫

の麦茶ぐらいかな。レストランでもクーラーに氷ガラガラ入れて冷やすことが多いけど、半分は演出。白は、冷やせば酸が立つ。逆にタンニンは低い温度ほど強く感じるねん。

――だから赤は室温、と。

岡　室温いうてもキミ、ヨーロッパと日本は違うし、季節でも変わるやん。ブルゴーニュやボルドーなら、だいたい18～20℃がベスト。そやから冷房も暖房もいらん春や秋は、温度調節が楽な〃ワインの季節〃ちゅうことや。

――そういう意味でしたか。でもボージョレなんかは、ちょっと冷やしたほうが美味しいですよね。

岡　ま、そやな。ブドウでいうたら、ガメイあたりは2～3℃低めでもエエね。一般的なワインセラーは湿度75％で12℃ぐらいやから、冬ならセラーから出して室温に戻す。夏場なら飲む前に少し冷やせば丁度エエ、と。

――セラーが家にない場合は…。

岡　春や秋は、白やったら冷蔵庫で半日も冷やせば充分。あ、言うとくけど、入れっぱなしはあんまりよくないで。振動するし、食材の香りも移るし、温度も低すぎるから。ワインセラーみたいな、眠りのいい温度帯と環境で保存すれば、まどろみながらゆるやかに熟成して美味しくなる。気候がいい季節は、人間もよう眠れるやろ。ワインも同じ生き物やからね。

知ったか！基本のキ編
テイスティングの巻

なんでもかんでもグルグル回してへん？

岡　さっきから、嬉しそうにグラスを回してるけど、そんなんしたらワインが美味しくなくなるで。

——でも、こうして〝スワリング〟したほうが香りが立つじゃないですか。

岡　そら〝若い〟のはええけど、熟成した古いワインは、どんどん酸化してまうがな。だいたいボルドーなら10年、ブルゴーニュなら5年以上経ってるもんやったら、グルグル回すのはNGやね。ヴィンテージもんやったら、そないに回さんほうがええよ。

——では、気を取り直してお味のほうを…（ソムリエを真似て、口に含んでジュルルッジュルルッ！）。

岡　…で、ご感想は？

——アタックは控えめながら繊細な酸味と豊かな果実味。うーん、そして土の香を思わせるような余韻がいいですねぇ。

岡　ほんまかいな〜（笑）。だいたいその口に含んで…ってのは、プロのテイスティングのワザ。人前やレストランでキミらがシュボシュボしたらお行儀悪いんやで。

——え、そうなんですか？　じゃあカッコよく見えるテイスティングの方法を教えてくださいよ。

岡　そやな、まずはこうグラスを傾けてワインの色や輝き、透明感を見る。色は熟成とともに変化するから、茶色がかっていたり、真ん中と端の色に差があるほど古い、いうのがわかる。

――ボルドーがガーネット色、ブルゴーニュがルビー色でしたね? それを確認して飲む、と。

岡　まぁ待ちぃな。グラスを静かに真っ直ぐに戻し、流れ落ちるレッグス(写真左)を見よ。このスピードで軽めか重厚なものかがだいたいわかる。ここで鼻を近づけて香ってみる。最初はブドウそのものが持つ香り〝アロマ〟っちゅうやつやね。グラスを一旦テーブルに置いて、2~3回ちょいちょいと回して空気に触れさせて、香りが膨らんだところでもう一度静かに香りを嗅いでみ。これがいくつかの香りが混ざりあった香りの花束〝ブーケ〟や。それからワインを口に含んで、舌先から喉の奥まで、ゆっくり染みわたらせながら送ってやって、甘み、酸味、渋み、苦み、アルコール感など全体のバランスを感じ取る。テイスティングいうのは、どんなタイプのワインかという全容を知るためのもので、別に儀式でもなんでもないんやから。さ、次は白でもやってみよか。ちなみにどんな味がお好き?

――そりゃあオトナなら辛口でしょ。

岡　辛口の意味、わかってんのかいな…。

LESSON 1

飲み口の巻

知ったか！基本のキ編

岡　キミは、どんな味わいのワインが好きやったっけ？

――白ならやっぱり辛口ですよね。

岡　ふぅん。辛口いうてもいろいろあるけど、どんな味が辛口って思ってるん？

――え、どんなって甘くない…。

岡　まぁそうやな。せやけど、辛いいうてもしょっぱいのや唐辛子みたいなワインなんてないやろ？甘口に対して辛口いうてるけど、フランス語では「セック＝乾いた」いう意味やから、ドライな感じを「辛口」というてるわけやな。

――辛口はアルコール度数が高くて、酸味も強い気がしますね。

とりあえず「辛口」で頼んでへん？

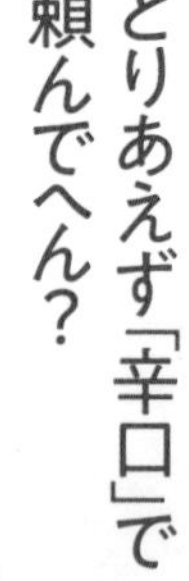

岡　一般的に辛口の場合は、ブドウの糖分を発酵によってほとんどアルコールに変えてしまってるから、度数の高いものが多い。味わいでいうなら、

そもそもワインの味は甘・酸・苦・渋の４つで表現されるから、甘み以外の３つが「辛口」を表す要素になる。白に渋みのあるものは少ないけど、酸の強さは甘みの感じ方にも関係するやろね。その中にも、シャープな酸味もあれば、まろやかな酸味もある。違いのわかりやすいワインでちょっと飲み比べてみよか。右から、まずは辛

口の代表格・ブルゴーニュのシャブリ。爽やか系ドライで、酸味の中にちょっと苦みもある。

――しっかりした酸ですねぇ。

岡　これだけ酸味が強いと、キレがあって後口もスキッとしてるやろ。今度は同じブルゴーニュのシャルドネでも南のマコン・ブラン。

――酸味はあるけど、ちょっと膨らみもあって。ブドウの甘い香りがいい！

岡　同じブルゴーニュのシャルドネでも、南のマコンに比べて冷涼な北のエリアで育ったブドウで造られるシャブリは、酸の強い味わいになるんやな。ほな次はアルザスのピノダルザス。酸味もあるけどまろやかな甘みもあって、バランスがええやろ。

――ドライすぎず、ベタついた甘さもない。これがミディアムドライってやつですね！

岡　辛口もいいけど料理によっては甘口が合うこともある。せっかくやからこれも飲んでみ。ちょっと甘口、ドイツのリースリングや。酸味もあるけどリンゴのような果実味もあって爽やかやろ？ちょっと甘めの大阪寿司によう合うでぇ。

――ほんと、フルーティーな香りが爽やかですねぇ。

岡　最後は三大貴腐ワインのひとつ、ソーテルヌ。この甘み、フォアグラや鶏の肝焼きにぴったりや。

――凝縮されたハチミツのような甘み！

岡　そう、その調子。なんでもかんでも「辛口」なんていわんと、いろんなワインを試して、味わいの表現を増やしていくと、好みのワインに出合えるチャンスも愉しみも、もっと広がるで。

LESSON 1

知ったか！基本のキ編
ボディの巻

フルボディ＝「重たいワイン」？

岡　さて今日は実習や。ええワインを用意してきたで。

――『ルイ・ジャド』社の「コトー・ブルギニヨン」に「マルサネ」。これはフルボディの赤ですね。

岡　よくご存知のようやから聞かしてもらうけど、その「ボディ」て何？

――渋み、アルコール感、ワインの「厚み」のこと…ですよね。

岡　確かにアルコール度数がある程度ないとしっかりした味わいにはならへん。そやけど、タンニンだけがしっかりとか、アルコール感が強けりゃフルボディかというたら一概にはいわれへん。そもそも「ボディ」いうのは〝身体〟。フルボディいうたらガリガリより〝ムッチリ〟のイメージ。そやけどドテッ！としとったんではアカン。人間と同じで大事なのはメリハリ、つまりバランスやな。

――岡さん好みのグラマラス！

岡　…まぁ、そやね（苦笑）。ほな実際に飲み比べてみよか。まずは同じ造り手の2本から。

――「コトー・ブルギニヨン」はイチゴみたいな味と香り

でフルーティーな感じ。「マルサネ」は渋みもあって、旨みも濃厚です。ボディ感はこっちのほうがありますね。

岡　そや、同じフルボディでも味も香りも旨みの濃厚さも違うやろ。ミディアムやらライトボディやらボトルに書いてることも多いけど、定義があるわけやない。飲み手の感覚なんや。ほんなら次、イタリアのバルバレスコや。

――これはアルコール感しっかりですねぇ。タンニンもかなり感じます。まろやかな酸とのバランスもよくて…。前に飲んだ2本のほうが色は濃いのに、味わいは断然こっちがどっしり。

岡　色が濃い＝重たいと思われがちやけど、若いワインほど濃い紫色で味わいも渋みも強くバランスが悪い。逆に熟成するにつれ、レンガ色の方向に変化し、味もバランスがとれ、しっかりしてくるねん。

――しっかりした渋みとアルコール感、旨みや酸味のバランスがいい赤ワインこそ、フルボディと呼べるわけですね。

岡　言うとくけどボディいうのは、赤ワインだけの話とちゃうで。

――そ、うですよねぇ…。

岡　白の場合、渋みはほとんどないから、アルコール感と酸のバランスやな。ツンツンしたとがった酸じゃなく、熟成した穏やかな酸味と存在感のある旨みがボディ感につながるというわけ。ところでキミ、レストランで「ボディ感のある重めの赤を」なんてカッコつけて頼んだら、ごっつぅ高級なんが出てくる可能性高いから気ぃつけなあかんで。

知ったか！基本のキ編
ラベルの巻

ワインのラベル、ホンマに読めてる？

——今回は、ラベルの読み解き方をご指南いただけないかと！

岡 えらい鼻息荒いな。やる気はあるみたいやけど、読み〝解く〟なんてむちゃくちゃ難しいから、初心者のキミらは、まず「読む」とこからやな。

——バッカスが描かれたラベルは、ボーヌの『ルイ・ジャド』。（裏のラベルを見て）ブルゴーニュのプルミエクリュだから…。

岡 いきなりバックラベルを見るなんてスマートやないなぁ。で、どんなワインなん？

——……。

岡 な？ ラベルの文字を読んで終わりやなくて、〝中身〟を読んでいかな。

——ではまずは、キホンのキからお願いします…！

岡 しゃあないな。ラベルの表記は法律で決められてるとこもあるけど国によってまちまち、一定のルールはない。だいたい入ってるのがワイン名、産地、生産者、ヴィンテージ。それにフランスの場合はA.O.P.（A.O.C.）。ヴィンテージは、違う年のワインをブレンドしてる場合には入れられへんけどな。

——確かに、ブレンドするのが基本のシャンパンはノン

ヴィンテージですもんね。

岡　シャンパンかて記載してる場合もあるで。まぁキミらの手が届かんような高級品やけどな。ところで、ラベルの中で一番大事なんはワイン名。キミがさっき読んだ「ボーヌ」いうのは村の名前。ブルゴーニュでは、村名がワイン名になったり、畑には特級や一級の格付けがされていて、それもワイン名になるねん。

——狭いエリアに限定されているほど格付けが高いんでしたよね？

岡　そういうこと。ほな、ボルドーで有名なワインといえば？

——ええと「シャトー・マルゴー」とか「シャトー・ラトゥール」？

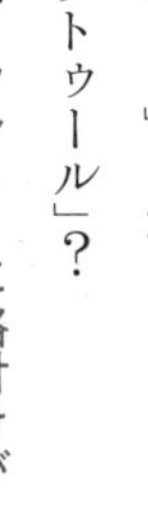

岡　シャトーに格付けがされてるボルドーでは、シャトー名がそのままワイン名になるわけ。ま、ワイン名、エリア名、ヴィンテージぐらい読み取れたらええんちゃう？ A.O.P.なんて全部覚えられるわけないんやし、そんなんソムリエに訊いたらええやん。畑や村のキャラクターも知らんと講釈たれんほうがエエで。

——ハイ、ごもっとも！

岡　近ごろはブドウの品種が書いてあることも多いから、そこからイメージすることもできる。日本語のバックラベルに頼らんと語れるまでの道のりは果てしなく遠そうやけど、引き出し増やして頑張りや！

知ったか！基本のキ編

ヴィンテージの巻

ヴィンテージ＝年代モノ？

岡　まず聞くけど「ヴィンテージワイン」てどんな意味で使てる？

——熟成を経た年代物の…高級ワイン、ですよね。

岡　ははぁん、ヴィンテージ・ジーンズみたいなイメージやな？ほな今回はそのヴィンテージについてのレッスンや。いいブドウが穫れた年を〝ヴィンテージ・イヤー〟といったり、〝オールド・ヴィンテージ〟といえば年代物やな。そやけど単に「ヴィンテージ」いうたら、ボトルに書いてある年号。つまりブドウが収穫された年や。

——え？それだけ…ですか。

岡　そやから、収穫年の違うワインをブレンドするスタンダードシャンパーニュには、ヴィンテージは入っていない。単一年のブドウで造られたヴィンテージ入りもあるけど、それはむしろレアやな。最初に教えたけどワインは農産物やからな。いいブドウができれば当然いいワインができる。同じ銘柄でもヴィンテージの違いで味が変わる。素晴らしくいいブドウができた当たり年をスーパー・ヴィンテージとか…

――〝ビッグ・ヴィンテージ〟っていうわけですね！

岡　そういうこと。また当たり年は産地や畑によっても違う。例えば82年はボルドーではスーパー・ヴィンテージといわれるけどブルゴーニュではそうでもない。

――それ、誰が決めるんですか？

岡　産地の委員会や造り手が、気候や収穫状況、穫れたブドウを分析して評価する。それを年ごとにまとめたんがよく雑誌にも載ってるヴィンテージチャート。これが飲み頃を知る手がかりになるわけや。ちなみに表記や評価は様々。ボクも以前は、毎年作ってたんやで(写真左)。フランスのワイン雑誌で作柄状況を見たり、あっちゃこっちゃから情報を集めて、ひと月ぐらいかかりっきりや。

――スゴイ、わかりやすいですね！

岡　ボク的には、だいたいブルゴーニュは5年、ボルドーの赤は10年は寝かしたい。当たり年のマルゴーなんかは、25～30年くらいが美味しいところやろね。ただ、飲み頃いうのは、5年単位くらいで飲み比べてみなわからへん。舌の記憶と経験がモノをいうからキミらにはまだちょっと…。一般的にいいヴィンテージのワインは、アルコール分、酸味、渋みなどのバランスがよく、味わいにも凝縮感がある。そして、熟成もゆっくり進むから、美味しさのピークもゆっくりやってくる。

――もしかしてデザートワインなんかは、甘くて糖度が高いから長持ちするってわけですか。

岡　出たな知ったか！　その通り。特に貴腐ワインなんかはね。

知ったか！基本のキ編

ハウスワインの巻

岡　今日は当ホテル「リーガロイヤルホテル」のレストランでお勉強。どんなワインを飲む？

——ワ、ワタクシなんかには手頃なハウスワインでも…。

岡　ハウスワインでも？　なんや軽くみた発言やなあ。そもそもハウスワインって、どんなワインのことというてんのや？

——そのお店で一番手頃なグラスワイン…？

岡　確かに、日本では一番リーズナブルで、店のお薦めワインをそう呼ぶことが多いわな。

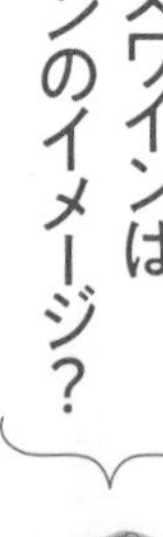

ハウスワインは安モンのイメージ？

——日本ではって、フランスには「ハウスワイン」なんて、存在しませんよね？

岡　出たな、知ったか！　それほど多くはないけど、フランスにもございます。例えば三ツ星の『ジョルジュ・ブラン』は自社で造ったワインを出してるし、『ポール・ボキューズ』は、ワイナリーと契約して自社ブランドのワインを出してる。〝ヴァン・ドゥ・メゾン〟、直訳すれば〝家のワイン〟。これが本来の意味でのハウスワインやな。

——そういえば、大阪市内にも『島之内フジマル醸造所』って、自家製ワインを出すレストランがありますよね。

岡　あそこで出してるのは本来の意味でのハウスワイン。大阪にもあんなお店が根付いて嬉しいねえ！

——ただ、普通のレストランやワインバーでは、「ハウスワイン」ってビギナーが頼むもので、通は注文しないってイメージなんですけど…。

岡　万人受けしやすい味わいのワインを出すことが多いのは確かやね。懐に優しい値段やし、ワインが複雑と思ってる人には便利。だけど、その1杯で、どんなレベルのワインを扱っているレストランかがわかるもの。だから、ハウスワインは、侮れん大事なものなんや。ちなみに当レストラン『オールデイダイニング リモネ』では赤、白、スパークリングの3種を生でお召し上がりいただけます。

——生ワイン（P148参照）なんてあるんですね。グラスだけでなくカラフまで。

岡　日本ではハウスワイン＝グラスのイメージやけど、フランスではボトルやカラフの場合も多い。飲んだ分だけ支払う量り売りのこともあるし、店によっては飲み放題もあるで。

——店のワインに対する姿勢や考え方が表れるってワケですね。

岡　なんや言うことだけイッチョマエやな…。

LESSON 1

知ったか！基本のキ編
シャンパンの巻

岡　ジメジメ蒸し暑い季節には、シュワシュワ爽やかなのが飲みたいねえ。そこで本日のお題はコレ。

——見るからに高貴な雰囲気。やっぱりシャンパンは、スパークリングワインとは違いますねぇ。

岡　シャンパンかて「泡」＝発泡性ワインの一種やけどな。

——フランスでは、シャンパーニュ地方以外で造られたスパークリングは「ヴァン・ムスー」として区別され、シャンパンと呼ぶことは禁止されているんですよね？

岡　ピンポーン！　そやけど、シャンパーニュ地方で造られるもんがすべてシャンパンってわけでもない。非発泡性のワインやリキュールワインもある。その中でシャンパンには、使うブドウも法律で規定された品種に限られるとかいろいろ決め事があるねん。

まず、使用する基本的なブドウは、ピノ・ノワール、ムニエ、シャルドネの3種。その中でも選りすぐりを原料に、シャンパン酵母を加えて瓶内で二次発酵させる方式で醸造すること。泡を生み出す熟成期間は最低で15カ月、ヴィンテージになれば収穫後3年。いいブドウが収穫された時だけ造られるキュヴェ・プレステージなら5年以上もかけて泡が造られるというわけや。

——だから貴重で高価なんですね。

シャンパーニュ地方産＝シャンパン？

岡　ちなみに赤ワインと白ワインをブレンドするのは、シャンパンだけに許されたロゼの造り方。ま、ほな乾杯といこか。せっかくやからタンク内で二次発酵させるヴァン・ムスーと比べてみよ。

――ん〜香ばしい酵母の香りと可憐な麦わら色。シャンパン（上写真右）は泡の勢いも量も圧倒的。

岡　グルグルやるのは論外やけど、ちょっと回すと、香りが膨らんでさらに芳しく感じられるで。

――では、いただきます！

岡　まぁ待ちぃな。泡が多いだけやなくて粒子が非常に細かいのもシャンパンならでは。ちょっと耳をそばだててみれば、ピチピチピチ…泡たちの上品な囁きが聞こえるやろ？弾ける泡を愛でるだけでなく、音も味わうくらいの大人の余裕がほしいもんやねぇ。

――失礼いたしました！耳でも味わう、と。

岡　スペインならカヴァ、ドイツならゼクト。各国にシャンパンと同じように造られるワインもあるし、手ごろな泡もたくさんあるから、へんに背伸びせんと、気軽に楽しんでほしいもんやね。

――口あたりよすぎて、ついつい呑みすぎまふね…。

岡　アルコールは11％くらいと低めやけど、炭酸が胃を刺激するから回りは早いで。調子にのるとすぐに酔っぱらうから、泡（アワ）てないでね！っと。

LESSON 1

安ワインと高ワインの巻

知ったか！ 基本のキ編

値段の差って何の違い？

岡　ざっと基本を学んだところで、今日はとっておきのワインを持ってきたで。早速飲んでみよか。

——ベリー系の豊かな香りと旨み、穏やかな渋み。厚みがあってバランスのいいワインですねぇ。

岡　これ実は、2本1000円でお釣りがきたんや…。

——ブホッ…、1本ワンコイン以下ですか？

岡　そやけど、キミが言うた通り、ちゃんとワインの特徴が感じられるやろ？

——…ですね。それにしても、1本500円以下の安ワインとウン万円もする高級ワインって、ぶっちゃけ何が違うんですか？

岡　そらまずブドウが育つエリアが違うわな。日本とチリを比べたら、土地代も人件費も全然違うやろ？ それから、ブルゴーニュやボルドーのように、エリアそのものがブランドになっていれば、1本の樹や1粒のブドウにかけるコストも違う。味が凝縮するよう手間ひまかけて育て、手摘みして、選び抜いたブドウから1本のワインを造るのと、広大な畑で育てたブドウを機械で摘んで大量生産するのとでは、当然、売り値に差がつく。あとは関税の関係もあるわな。そやけど、かつて安ワインはそれなりの味やったけど、近頃はクオ

リティが高くなったねぇ。

――それって、どうしてですか?

岡　昔は〝安かろう悪かろう〟やったのが、近年の世界的なワイン人口の増加にともない、生産量も増え技術力も向上したのが一番の理由ちゃうかな。1980年代の終わりにアルゼンチンへ行った頃は、失礼ながら安いワインは飲めたもんじゃなかった。それが今では手頃なものでも充分美味しなってるからね。

――確かに、まずいワインって少なくなりましたよね。

岡　キミキミ、さっきから色を見たり、香りを確かめたり、そんなにチビチビ飲んで旨いか? こういうカジュアルなワインは、ビール感覚でガブ飲みしたらええねん。普通のコップでもOK。ボクなんか、もうちょい冷えてたらええなぁいう時はオン・ザ・ロックや。

――えっ、ワインに氷入れちゃいます?

岡　はいな。氷を入れたら、ツンとした香りや雑味が抑えられるねん。なんならソーダ割りもいけるで。

――それはちょっと…。スマートじゃない気が。

岡　エエかっこしいのキミは、高級ワインを部屋に飾るクチやな? 南向きのリビングのサイドボードの上、最悪やで! 高いワインこそ、一人でコッソリ飲むより、みんなで感動を分かち合うのが楽しいねん。いいワインほど会話も弾む。もちろんその時は、グラスにも温度帯にも、合わせる料理にもこだわっていただきたいもんやね。

LESSON 2

ブドウの品種と味わい編

ブドウの品種と味わい編
シャルドネの巻

——品種の初回は「白ブドウの女王」シャルドネですね。

岡　何をもって女王や？　確かに世界中で栽培されているし人気もある。育てやすくて、土壌や気候に馴染む適応能力は抜群。なかなかしたたかなブドウや。

——そういう意味で女王的？

岡　ワインとしては酸もそこそこ、味わいも中庸。品種としての個性は弱い。ボクにとっては〝困った時のシャルドネ〟やな。ところでキミ、ブルゴーニュを代表する辛口のシャルドネといえば？

——牡蛎に合うシャブリです！

岡　ほんまに情けない。フランスの五大白ワインにも数えられる世界の最高峰、モンラッシェやろっ！　そのぐらいは覚えといてほしいねぇ。シャブリは、樽を使わずすっきり系に仕上げたものが多いのが特徴。ちなみにボクは生牡蛎に合わせるならシャルドネより、酸のしっかりしたソーヴィニヨン・ブランが好きやけどな。

——シャブリ以外は、樽発酵・樽熟成が一般的なんですよね。

岡　品種自体の個性があまりないだけに、樽の影響を受けやすい。熟成させることで変化するんも持ち味のひとつやな。それに、テロワールの特性を吸収しやすいから、豊かな土壌で育てば栄養分たっぷりの長期熟成に向くブドウになる。上質のモンラッシェは、30年、40年と時を

経て美味しくなっていくんや。ナッツやハチミツのような香り、味わいには厚みやふくよかさがあり余韻が長い。まぁキミらの口に入ることはないかもしれんけどな…。

――…ハイ。なので手が届く樽熟で、産地の違う3本を選んできました。

岡　これはこれはブルゴーニュでも南のエリアの「プーイイ・フュイッセ」。樽よりもパイナップルや桃、トロピカルな果物の香りがするなぁ。それに対して「登美の丘」は、ドライなハーブや石灰のようなミネラルの香り。木の感じはさほど強くなく、冷涼な山梨の気候をイメージさせる辛口の味わいやね。カリフォルニアの「カレラ」は、少し年代も古いからか色も濃いし、香りは…。

――蜜のような甘い香りがします！

岡　他にもナッツや焦がしバター。樽の影響もしっかり受けてるねぇ。酸は少なく、太陽サンサンの温暖な地域の特徴そのままやな。香りも味もそれぞれやけど、どれもバランスよく仕上がってるやろ。「まずいシャルドネ」いうのはめったにないんやな。ボクが〝困った時の…〟いうのは、そういうことや。ブドウの個性は実に様々。奥が深いでぇ。

LESSON 2

ブドウの品種と味わい編

ソーヴィニヨン・ブランの巻

岡　今回は、白ワイン品種の続きやな。

——シャルドネに次ぐ白の品種といえばソーヴィニヨン・ブラン。本日、私めが選んできたのはニュージーランドです。

岡　ほぉ、ニュージーランドを持ってくるとは、なかなかやるやんか。もともとはヨーロッパ系品種で、フランスのロワール地方、中央フランスと呼ばれるエリアのサンセールやプーイイ・フュメ、ボルドー地方が代表的。そやけど今では、世界各地で栽培されている非常にポピュラーな品種。なかでも近年、特に評価が高まっているのがニュージーランドや。

——しかもこれマールボロ産です（エッヘン）！

岡　はいはい、よくご存知で。ニュージーランドの中でも最大のワイン産地、南島のマールボロのソーヴィニヨン・ブランは、品種特性の世界基準ともいわれるほどになりつつある。と、それが言いたかったんやろ？

——左様でございます！…で、合ってますよね。

岡　日照時間が長く、夜は涼しい気候や風土が、ブドウの性質にぴったりハマったんやろね。で、その特徴は？

——え、それを教えてもらうのが今日のテーマでは。

岡　そやったな。ほなテイスティングしてみよ。まず色調は？

——ほんのりグリーンがかかった黄金色。

岡　どちらかといえば薄くて、澄んだ輝きがあるね。香りは？

——フレッシュな香りがビンビンです！

岡　そう。ソーヴィニヨン・ブランは、香りが華やかで開きやすいのが特徴や。アロマは、グレープフルーツやレモン。柑橘系でもちょっとほろ苦いニュアンスを感じるね。清涼感のある青草の香りやほおずきのようなイメージも少しある。ちなみに原産地のボルドーでは、セミヨンとブレンドするのが伝統的やけど、一般的には単一品種で造られることがほとんど。いずれにしても爽やかな味わいのものが多いから、キュッと冷やしていただくのがお薦めやね。さて、味わいはどうや？

――とってもフレッシュ！　思ったほど酸味は感じられませんね。スッキリしています。

岡　香りの印象ほど酸が強くないのもソーヴィニヨン・ブランの持ち味やね。一般的には冷涼な土地で栽培されたものはハーブや柑橘系を思わせる香り、温暖な土地で栽培されたものからはパッションフルーツなどトロピカルフルーツを連想させる香りを感じることが多い。そやからソーヴィニヨン・ブランを飲む時に、ちょっと甘いフルーツの香りがしたら「これは、温暖なエリアで造られたワインですね」とか言うてみたら、かなり〃知ったか〃できるで。

――それ、今度やってみよーっと！

ニュージーランド最大のワイン産地、マールボロ地区のソーヴィニヨン・ブラン。フレッシュで溌溂とした酸、柑橘系果実の中でも爽やかなグレープフルーツのような香り。世界基準になりつつあるといわれるマールボロの個性がよく表れている。

リースリングの巻

ブドウの品種と味わい編

岡　白ワイン品種の3回目は、リースリングやな。

——はい。ピノ・ノワール、カベルネ・ソーヴィニヨン、シャルドネと並び称される「世界4大高貴品種」の一つです。

岡　へぇ〜そうなんや。「アルザスの4大高貴品種」の一つとは聞いたことあるけど、それは誰が決めたん？

——ダレが？　いや、それはちょっと…。

岡　どうせまた誰かのウケウリやろ。ま、あながち間違いやないけどな。

——リ、リースリングといえば、ドイツを代表する品種ですよねっ！

岡　まぁそうやな。栽培面積ではドイツが世界1位。主にライン川の流域、ラインガウやモーゼルが上質なリースリングの産地として知られている。他にもフランスのアルザス地方やオーストリアなど各地で栽培されているブドウや。同じ品種でも、造られるエリアによってワインのタイプは随分と違っていて、ドイツは甘口が多く、アルザスはドライが主流。今日はアルザスを持ってきたから、これを飲んでみよか。

——はーい、飲むザンス。

岡　まず色調は？

——ややグリーンがかったレモンイエロー。

岡　で、香りは？

——爽やかで酸味があって。果物ならパイナップルとかアプリコット？

岡　それもあるな。ちょっとトロピカルフルーツのような甘酸っぱい香り。柑橘系でいうたら、ソーヴィニヨン・ブランはグレープフルーツやレモンのようやったけど、こっちはもう少し甘みのあるオレンジやミカン。同じ柑橘系でもちょっと違ったニュアンスを感じるやろ。それより、最初にふっと香るアロマで、何か思い出すものはないか？ヒントは、寒い冬に活躍する部屋を温める…。

――ストーブ！…あ、もしかして石油ですか？

岡　そう。ちょっと鼻を刺激するようなオイリーな香りを見つけられへんか？それから昔、小学校の運動場に白線を引いた石灰やチョークのようなミネラルな感じもあるね。味わいはどうや。

――美味しいっ！

岡　そらボクが選んだんやから、美味しいのは当たり前。なんか他に言いようはないか？

――香りは甘いのに、酸っぱい？…みたいな。

岡　そうそう。このしっかりしたシャープな酸味とミネラル感がリースリングの特徴や。ドイツで造られるリースリングも、甘さに隠れてはいるけれどしっかりした酸味があるんやで。オーストリアでは、他の白ブドウと混醸することもあるけれど、一般的には単一のワインとして造られることが多い品種やね。

「ドメーヌ・アルベール・マン アルザス リースリング2018」。オレンジのような爽やかな柑橘系の風味とキリッとした酸、ボリューム感もあって飲み応えもしっかり。アルザスらしい上質なリースリング。

LESSON 2

ブドウの品種と味わい編

ピノ・ノワールの巻

岡　さてここからは赤ワイン。その代表格ともいえるピノ・ノワールから。まず、キミのイメージは？

——ずばり、ロマネ・コンティを筆頭とするブルゴーニュの高級ワイン！

岡　また極端やなぁ。確かにフランスで栽培されているのはブルゴーニュとシャンパーニュ地方が中心。粒は小さくて皮が薄い。冷涼で乾いた気候を好み、アメリカやニュージーランドなど世界各地で作られてはいるけど、その土地に馴染まんと本来の持ち味が出てこない。ボクと一緒でシャイなところがあるんやな〜。で、味わいの特徴は？

——軽くて渋みがなく、飲みやすい。単一品種のブルゴーニュらしい…。

岡　一体何のウケウリや？　そらボルドーに比べたら渋みも少ないけどタンニンもそこそこあるし、ボクは軽いとは思わへんなぁ。酸味があるから飲みやすいとはいえるけどな。

　ちなみにボクは、酸の強いブルゴーニュは元気のある時、疲れてる時はボルドー。なぜか？　ボルドーワインのタンニンが消化を助けてくれるからやねん。ところでキミ、さっきチラッと聞こえた気ぃがしたけど、まさかブルゴーニュがすべて単一品種やとでも思ってる？

——ち、違いました？

岡　例えば基本的にピノ・ノワール3分の1に対し、ガメイを3分の2ブレンドしたのは「パス・トゥ・グラン」。覚えといたら得意の〝知ったか〟できるで。ま、それはさておき飲んでみよか。ニュージーランド、カリフォルニア、ブルゴーニュ。どれもピノ・ノワール100％でちょっと若め。アルコール度数も同じや。

――あれ？　香り、全然違います！

岡　どれもベリー系の香りではあってもそれぞれやろ？　ニュージーランドは華やかで草花のようなイメージ、カリフォルニアはイチゴやジャムのような香り。味わいも、ニュージーランドはピノらしく酸がしっかりでキレもいい。カリフォルニアは酸がほのかで独特の甘みとしっかりしたタンニン。

さて本家のブルゴーニュはどうや。ベリー系でもラズベリーのような爽やかな香り、酸もアルコールもしっかりあって、程よいタンニンも感じられる。まさしくバランスのいいピノ・ノワールの味わいやね。

――これがスタンダードなんですね。

岡　繊細でちょっと気難しいブドウやから、環境によってまったく別物になるということをお忘れなく。ほな次回からはピノ・ノワールに次ぐ赤ワインの代表品種を見ていくで。

ブドウの品種と味わい編

カベルネ・ソーヴィニヨンの巻

岡　赤ワイン用の品種で、ピノ・ノワールと並ぶブドウといえば？

――ボルドー系の代表格、カベルネ・ソーヴィニヨン！

岡　そう、今回の主役や。代表的な産地はフランスのボルドー地方やけど、今や世界各国で栽培されている黒ブドウやな。キミらにはボルドーはまだ早いから、今日はアメリカ産でテイスティングしよか。

――カリフォルニアの〝カベソー〟ですね！

岡　ご覧の通り、色調はとても濃い。特に若いうちは黒味がかった紫色で、光に透かして見ても向こうが見えないぐらいやろ。これは産地がどこであれ一貫した特徴や。これが10年、20年経って熟成してくると、次第に褪せたようなガーネット系の色に変化してくる。

――ということは、つまり長熟系？

岡　そういうこと。こうやって白いテーブルや壁などをバックにして見ると、外側に向かうほど色が淡くなってるのがわかるやろ？これはまだ若いからそれほど差がないけれど、熟成したものはグラデーションがもっとはっきりしてくる。さて、それでは香りはどうや？

――複雑…ですねぇ。

岡　もうちょっと何か言いようはないか？例えば、アロマはカシスやブルーベリーなど黒系の果実。それから黒コショウなどのスパイス。ちょっと苦みのあるコーヒーやカカオなどの香りを見つけることもできる。他にも、樹木のような香りがして、とても複雑やね…という具合に、イメージを広げたら10も15も出てくるわけや。

——サスガです！

岡　まぁキミなら3つ、4つ言えたら充分やけどな。色も濃い、香りも濃いというのがわかったところで、実際に飲んでみよか。味わいはどうや？

——し、渋っ！

岡　それがカベルネ・ソーヴィニヨンの一番の特徴や。強烈なタンニン、ちょっと苦みもあって酸もしっかり。

——ハレ？ 何かヒタ（舌）にペットリくっつく感じが…。

岡　舌にタンニンがのっかってるんや。だから肉料理に合うねん。肉はないけどチーズがあるから、それで試してみよか？ まずワインをひと口飲んで、その感じを覚えといてや。次にチーズを食べて、口の中にチーズの余韻が残っているところでワインを飲んでみる。

——あれれ？ 渋みが消えた！

岡　力強いタンニンがチーズの乳脂肪分と結びついて、渋みを感じなくなるやろ。むしろワインが甘く感じるんちゃうか？ ワインと料理、互いが引き立て合って一層美味しくなる。こ・れ・が、マリアージュいうやつや。

カリフォルニアのワイン産地、パソ・ロブレスの「カストロ・セラーズ　カベルネ・ソーヴィニヨン 2016」。カベルネ・ソーヴィニヨン89％にプティ・ヴェルドを11％ブレンド。ベリー系の風味にスパイシーさやトースティーな香ばしさも。

メルロの巻
ブドウの品種と味わい編

岡 さて、赤ワイン用品種の3回目やな。ピノ・ノワール、カベルネ・ソーヴィニヨンときたら次は?

——カベルネと同じくボルドーの代表品種、メルロ!

岡 よくできました。カベルネ・ソーヴィニヨンと同様に世界各地で栽培されている品種やな。ちょっと気難しいピノ・ノワールに比べたら、気候への順応性が高いんやろね。日本でも長野県でメルロのええワインが生まれているんやで。さて、早速テイスティングしてみよか。今日用意したのは、カリフォルニア、ナパ・ヴァレーの2013年の一本。まず色調は?

——カベルネ・ソーヴィニヨンに比べると、随分と淡い感じです。

岡 色の系統は一緒やけど、若干熟成が進んでいるから、ややガーネット系になりつつあるね。アロマはどう?

——んーーと、何か埃っぽい香りがする?

岡 もうちょっとスマートにイメージを伝えるなら、土っぽい香りとか、マッシュルームやトリュフ。果物のイメージは、カベルネ・ソーヴィニヨンと同じでブラックベリーなど黒っぽい果実。カリフォルニアやから、完熟させたブドウを使っているのか、ちょっと甘いアメリカンチェリーのような香りも感じるね。味わいはどうや?

——まろやかですね。

岡 カベルネ・ソーヴィニヨンに比べたら、渋みも酸も穏やかで、ふくよかな味わいが特徴なんや。実は、メルロは「ボルドーの中のブルゴーニュ」ともいわれ、ボルドー系品種の中では熟成が早く香りも開きやすい、いわばちょっとおマセな品種。一方、カベルネ・ソーヴィニヨンは、熟成もゆっくりで香りが開くまでに時間のかかる奥手。それぞれ単一でも使われるブドウやけど、この2種をブレンドしたものには、ええワインも多い。

――ボルドーのワインがその代表ですよね。

岡　その通り。同じブレンドでも左岸のメドック地区ではカベルネ・ソーヴィニヨン主体、右岸のサン・テミリオンやポムロール地区ではメルロ主体で造られるのが一般的やね（左岸・右岸についてはP70参照）。

――なぜ、この2つをブレンドするんですか？

岡　この2種は、キャラは違えど似てるところもあって、ブレンドしても個性を失わず、互いのよさを引き立て合う。まぁ相性がいいんやろね。そやからボルドーでは、伝統的にカベルネ・ソーヴィニヨンとメルロを主体にブレンドして美味しいワインを造ってきたんや。

――メルロはカベルネ・ソーヴィニヨンの〝偉大なる相棒〟といわれていますもんね。

岡　そういう言葉だけはイッチョマエやな。

カリフォルニア、ナパ・ヴァレーの「リヴァモア・ランチ メルロ 2013」。ブラックベリーやメルロ特有の土っぽい香り、乾燥したハーブの風味にやや熟成感が加わった複雑でなめらかな口当たり。グリルした肉料理、野菜にも合う味わい。

LESSON 2

ブドウの品種と味わい編

その他、知っておきたいブドウ品種の巻

岡　赤白それぞれ、世界各地で栽培されている主要な3品種を学んできたけれど、ワイン用のブドウは、他にもまだまだたくさんある。なんせ、フランスだけでも約100種類あるといわれているんやからな。

——他にも知っておくとよい品種というと何でしょう。

岡　つまり早い話が〝知ったか〟できる品種を教えろっちゅうことやな？

——…まぁ、そんなところです、ね。

岡　まず、日本やったら甲州とマスカット・ベーリーA。この2つは日本が誇る国際品種や。甲州は淡い色調、香りは穏やかで、洋梨のようなやわらかな甘みが特徴。マスカット・ベーリーAは、キャンディのような香りと甘みのある味わいが持ち味。最近は、どっちも上質なワインができてるから、機会があれば試してみ。割と手軽に入手できると思うで。

——ヨーロッパ系品種で注目すべきは？

岡　ボクがイタリアンでご飯を食べる時によくいただくのが白ワインではピノ・グリ。イタリアやフランスのアルザス、スイスなどでも栽培されているピノ・グリは、ピノ・ノワールの変異種といわれているんや。皮は緑色でなくグリ＝グレー。赤紫がかった灰色をしていて、色だけでなく味わいも赤ワインのような力強さがあるねん。

——あぁ、イタリアではピノ・グリージョ、〝白い色をした赤ワイン〟と呼ばれているアレですね！

岡　〝知ったか〟だけは快調のようやね。他には、赤ならイタリアを代表するサンジョヴェーゼ。程よい渋みと酸味で、食事にも合わせやすい。北イタリアのネッビオーロもメジャーな品種やね。ネッビオーロは、タンニンしっかり。少しスパイシーな香りもあるのが特徴や。

――イタリアで高貴な黒ブドウのひとつ。ピエモンテのバローロ、バルバレスコになる品種ですね。

岡　はいはいその通り。それからフランスではブルゴーニュ南部やロワール地方が代表産地のガメイ。

――ああ、ボージョレ・ヌーヴォーのブドウ…。

岡　ん? なんや軽く見てるようやけどフランス国境に近いスイスでも栽培されていて、人気がグングン高まっているんやで。フレッシュでフルーティーな味わいはビギナーにも飲みやすいし、ブルゴーニュの赤に引けを取らない素晴らしいワインもたくさん造られている。それになんといってもブルゴーニュのピノ・ノワールに比べて断然お手頃な価格で飲めるからね。

――それは朗報! いいこと聞きました。

岡　まだまだあるで。フランスのコート・デュ・ローヌ地方を始め、地中海沿岸地域やオーストラリアで多く栽培されているシラーも忘れてはならない品種や。

――強靭なタンニン、パワフルな味わい。オーストラリアでは〝シラーズ〟と呼ばれているんですよね。

岡　〝知ったか〟のご披露ありがとさん。タンニンが強烈なシラーは、カベルネ・ソーヴィニヨンにちょっと似ているんやけど、香りは芝生や草原のイメージ。独特な香りと渋みが羊料理によう合うんや。ラム肉にシラーを合わせて、「草の香りがして、羊が戯れるオーストラリアの大草原のようや」とかなんとか言うたら〝知ったか〟らしくてええんちゃうか?

――どっちもタンニン強めなシラーとカベルネ・ソーヴィニヨン。どうやって区別すればいいんですか?

岡　産地やヴィンテージによっても違うけど、イメージでいうたらシラーは青草、カベルネ・ソーヴィニヨンはインク。あくまでイメージやけどな。まぁキミもそれくらいわからへんかったら感性ゼロ。ワインを学ぶ価値なしや。おや? 急に無口になってどないした。まぁ頑張って精進しなはれ。

ブドウの品種と味わい編

味わいの表現・白の巻

「果実味」って梨？パイン？

岡 ブドウ品種の基礎を学んだところで、続いてはワインの表現。学ぶならどこで？ 現場でしょ！

——ハイ！ こちらはグラスワインが多数揃ってますね〜。

岡 まぁ、キミらみたいな素人が、ええカッコして〝味わい〟を述べる必要もないんやけど共通語を知れば楽しみもより広がるいうことで。ほなキミからどうぞ。

——まずは甲州樽貯蔵。色は緑っぽく、サラッとしてて、やわらかな樽香。甘みの後に酸味が感じられ、フルーティーでフローラル。ややミネラリィで、長めの余韻がいいですね〜。

岡 なんやボンヤリしとって、ブドウのイメージが全然見えへんな。

——確かに……。

岡 見た目→香り→味わいを表現するという基本はわかってるみたいやな。色はベージュにグリーンが入ったようなレモンイエロー。色調は全体に均一やから、若いワインやというのがわかるわな。ピュアな透明感があってキラキラ輝いてる。それほどグレードは高くないけど、程よい粘性。そして花のような香りはするが、複雑なバ

ラではなく、ちょっと甘い白い花のイメージ。果物でいえば、柑橘系や桃や梨のようなやや甘い香りで、若干ミネラルも感じられる…と。どんなブドウかをイメージさせることがええコメントっちゅうもんや。

——おぉ！ブドウが見える気がします！

岡　グラスを回してみると、レモンのような香りも出てくる。それから味や。キミさっき何言うた？甘みの後に酸味？そら、舌の構造上当たり前やんか。甘みはあるが酸がしっかりで、アルコール感もある。余韻が爽やかないいワインですね、と〝総括〟するわけや。

——さすがプロのコメント！

岡　おや？こっちのソーヴィニヨン・ブランはまた濃厚な色やね。

——それ、酸化防止剤少なめなんだそうです。ちなみにフィルターをかけてないノンフィルです。

岡　言葉だけはイッチョマエやな。アロマは洋梨や桃のようやけど、スワリングすればパイナップルのような甘い香り。若いワインなのに熟成した香りがあるねぇ。

——このシャルドネはどうでしょ。

岡　色は甲州に近いけど、少しグリーンが強いね。花や柑橘系の香りは感じない。程よい樽香はアーモンドやナッツのイメージ。シャルドネは、香りが淡いから樽の香りがつきやすいんやな。味わいは、酸が穏やかで、全体的にはやわらかく仕上がった、バランスのいいワインですね、とボクならこうや。

——そのフレーズいただき！

岡　無難やけど、間違うてたらカッコ悪いで。にしてもこのボキャ貧、次回の赤が思いやられるわ…。

撮影協力／『島之内フジマル醸造所』
大阪市中央区島之内1-1-14 ☎06・4704・6666（P54〜57）

味わいの表現・赤の巻

ブドウの品種と味わい編

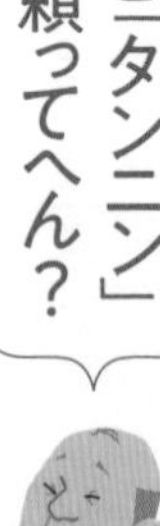

岡　次は赤ワインの表現＝〈外観・香り・味〉やな。ブルゴーニュのピノ・ノワールやらカベルネ主体のメドック。ええのん出してもろたんやから頼むで！

——コホン、ではメドックから。色はガーネット系で、香りはカシスやブラックベリー、それに香辛料のような香りもするし、それから豊かな樽香がありますねぇ。

岡　なんや要領を得ぇへん表現やなぁ。「豊かな樽香」ってどんなんやねん。ナッツか？ 甘いバニラやキャラメルか？ これは木、それもタールとか墨のような香りやんか。いっぺんにあっちゃこっちゃ言わんと、まずは植物、動物、鉱物的な香りのイメージくらいにざっくりと大きくジャンル分けしたら？

——ジャンル分け、ですか。

岡　そや。植物には花や木や果物。赤い花と白い花では違うし、果物も柑橘系やベリー系、木になる梨やリンゴ系。それから動物は、毛皮やなめした革のような香り。

右から、ブルゴーニュの「ドメーヌ・ミシェル・グロ 2010」、ニュージーランドのシラー「KUSUDA WINES 2010」、メドック「シャトー・ポタン・サック 2006」。

鉱物は、石灰やチョーク、磯のような香りがすることもある。

——言われてみればこれ、インクのような化学的な香りがします。

岡　な？ ほなシラーはどうや。

——色は濃いルビー系、香りは革のような獣っぽい感じがします！

岡　動物系の香りは種や皮に由来するから、色素のある赤に感じられることが多い。

——植物では花より果物。それも熟れた果実。味は、どちらも酸味しっかり、アルコール感もあるフルボディのワインですね。

岡　お、調子出てきたやんか。このシラーは果実いうてもフレッシュなフルーツじゃなく、熱を加えたジャムのような…。

——〝ジャミーな香り〟ですね！

岡　相変わらずコトバだけはイッチョマエやな…ほな次、ブルゴーニュいこか。色はきれいなルビー色。色調は透明感があって宝石のようにブリリアントやね。ゆったりとした粘性があり、香りは植物でいえば果物、ベリー系やね。それもフレッシュよりドライフルーツ。若干なめし革のような動物系の香りもする。

——味わいは、酸が強くタンニンは少なめ。甘みはほとんどなし。

岡　酸味が強く渋みが少ないのは、ブルゴーニュの全体的な特徴やから当たり前ともいえるけど…。ちなみにタンニンは、熟成されてなめらかなものならきめ細かいとか、逆に若いワインなら荒々しいとか攻撃的といった表現をするとより通っぽい。しかしキミの〝ボキャ貧〟たるや…。次ページを参考に表現力を高めよ！

ブドウの品種と味わい編

味わいの表現・使える用語集

ワインの世界には、100以上の香りがあるとか。
味わいの表現で大切なのは、
誰もが理解できる言葉でシンプルに！
そのために、日常生活で感覚を磨いておくべし。

見た目

[白ワインの色調一例]
グリーンがかった、レモンイエロー、
イエロー、黄金色、麦わら色

[赤ワインの色調一例]
紫がかった、ルビー色、ガーネット色、
レンガ色、マホガニー色、黒みを帯びた

[このほか]
清澄度（澄んでいるか濁っているか）
濃淡のレベル（濃いか薄いか）
粘性（サラッとしているかねっとりしているか）
泡立ち（気泡や発泡の有無）

味わい

酸味
シャープな、なめらかな、
まろやかな、
きめ細か（繊細）な、穏やかな

甘み・甘辛度
ドライ、やわらかな、まろやかな、
豊かな

タンニン（渋み・苦み）
軽い、やさしい、力強い、荒々しい、
ザラザラした、きめ細かい、
シルキーな、なめらかな

香り

[白ワインの一例]

柑橘系

レモン、グレープフルーツ、ライム、オレンジ、柑橘類の皮

果物系

桃、洋梨、リンゴ、ライチ、マンゴー、パイナップル、ザクロ、パッションフルーツ、アプリコット

植物・花

カモミール、ユリ、スミレ、ジャスミン、ハーブ、バラ

その他

チョーク、ハチミツ、ナッツ、干し草、バター、バニラ、キャラメル、ジャム、石油、ミネラル

[赤ワインの一例]

赤い果実

イチゴ、サクランボ、フランボワーズ

黒い果実

ブルーベリー、カシス、ブラックチェリー、桑の実

植物・花

バラ、スミレ、樹木

樽香

カカオ、ナッツ、ココナッツ、コーヒー豆、シナモン、バニラ、スモーク香

熟成香

ドライフルーツ、トリュフ、葉巻、革製品、落ち葉、土

その他

インク、スパイス

COLUMN

実力テスト *in* グランメゾン

代表的なブドウ品種とその味わいを学んだところでグランメゾンでおさらいを。マナーも一緒に学びます。

岡　今回はマナーの勉強も兼ねてグランメゾンでおさらいや。今日のホストはボク、さてゲストのキミはどこに座る?

――では失礼して一番奥の窓際に…。

岡　入口から遠いのが上座やからな。そやけどここみたいに窓がある時は、景色がきれいに見えるほうがゲスト席。従ってキミはこっち。普通は、席に着いたところで「本日はようこそ。まず初めにアペリティフなどはいかがですか?」とソムリエが登場するわけやな。食前酒を飲みながらメニューを見て料理やワインを選ぶ。今日は実力テストやからボクが料理もワインも決めといたで。まず前菜。ホタテ貝のガスパチョ仕立てにはこの白。さて、ワインの品種を当ててみよか。

正式な場での乾杯に「カチーン!」はNG。ちょっと持ち上げるだけでOK

――ま、まさかのブラインド!? えーと、透明で清冽なイエローの色調は甲州か、いやシャルドネか。いやいや、この心地よくフルーティーな香り、気品のある酸味は…リースリングですね?

岡　なんでやっ! リースリングやったらもっと甘みのあるオレンジっぽい柑橘系の香りやろ。レモンのような苦みのあるシトラス系の爽やかな香り、そしてしっかりめの酸とくれば、ソーヴィニヨン・ブランのイメージ通りやんか。

――…はい（ショボーン）。

岡　次が当たれへんかったらほんまに不合格やからな。フォアグラとパルメザンチーズのリゾットにはこの白ワイン。

――光沢のあるレモンイエロー、ほのかに森林の香り。味わいはドライ…これは、シャルドネですっ！

岡　ギリギリセーフやな。シャルドネは個性が弱く環境の影響を受けやすい。これはアーモンドや木のような香り…つまり樽のニュアンスがあるな、と。そこまでイメージしてほしかったけどな。こういう具合に爽やかな酸味のガスパチョ仕立てには酸味のあるもの、ちょっと濃厚なリゾットには樽香のあるシャルドネ。香りや味わいの特性で料理とワインを合わせることによって…

――見事なマリアージュが楽しめるわけですね！　それにしても緊張で喉カラカラですよ。ワインのおかわりいただいていいですか？

岡　チョイチョイ。注いでもらう時、台座に添えるその手、いらんで。サーブするほうはこぼしそうで困る。ついでにいうとグラスの口元についた油やリップの跡は手で拭かんと、ナプキンのコーナーでさり気なく拭くんがスマートや。

――わ、見られてたんですか…。

岡　マナーを学びながら、次は赤のブラインドいこか！

ワインを注いでもらう時、手を添える必要はありまへん！

グラスの汚れは、指でなくナプキンのコーナーで拭くとスマート

岡　さぁ、おさらいの後半戦。赤はこの2種、今度はビシッと決めてもらおか。

――う、はい。色は淡くてベリー系の香り。程よく柔らかなタンニンとしっかりした酸…だから、ピ、ピノ・ノワールじゃないでしょうか。

岡　ふむ。じゃあこっちは？

――色は黒紫がかった濃い赤で、香りが湿った土やマッシュルーム。そしてこの強靭なタンニン…、これはメルロ、いやカベルネ・ソーヴィニヨンかな…？

岡　どっちや？

――この余韻の長さは、カベルネ・ソーヴィニヨンですっ‼

岡　やっと調子が出てきたようやな。黒みがかった色、キノコやインクみたいな香り、しっかりした渋み。とくればカベルネ・ソーヴィニヨンにメルロが少しだけブレンドされたボルドーの若いワインというのがピンとくるわな。最初のは、透明感のあるきれいなルビー色にラズベリーやストロベリーのようなエレガントな香り、そして繊細な果実味…ブルゴ

お皿に残ったソースを
パンで拭うのは、
気軽な場だけがよろしいで

ーニュのピノ・ノワールで正解や。

――わーい、やったー！大正解!!

岡　それぞれの特徴がしっかり出てるものを選んだからな。それはそうとキミ、今お皿に残ったソースをパンで拭ったやろ。キレイに食べるんはええけど、上品ではない。仲間うちならともかく、正式な場やグランメゾンではせんほうがええで。あと、今ちらっと見えたけどナプキンは手前を山折りにするんがマナー。…ほんで、なに急いで飲んでるん？

――飲みかけのワイングラスを並べたままなのもマナー違反かと思って。

岡　いや、これはキミのワインやから、いつどのタイミングで飲んでもOK。赤ワインを残しておいて、メインの後に出てくるチーズやデザートのチョコレートと一緒に楽しむのもあり。キミなんか、奮発してボトルを注文したら飲み干そうとするやろ？飲みきれんかった場合は、ソムリエのために残しておくのもオシャレやし、持ち帰ってもええねんで。

膝にかけるナプキンは
手前を山折りに

注文したワインは
好きなタイミングで
飲んでOK

――えっ、ラベルだけでなく本体を持ち帰ってもいいんですか…。

岡　もちろん。まぁ、しかし赤はなんとか正解で、ボクもホッとしたわ。ちょっとマシになってきたなぁ。

――ありがとうございます！随分と成長させていただいたかと。

岡　いうても、まだまだ入口やで！

撮影協力／
リーガロイヤルホテル『レストラン シャンボール』

LESSON 3

世界のワイン
ヨーロッパ編

世界のワイン ヨーロッパ編

世界のワイン 今の勢力図は？の巻

岡 次はワインのお国柄を見ていこか。てことでLESSON3は世界のワイン、まずはヨーロッパから。

冒頭でも話した通り、ワインが生まれたのは紀元前。ギリシャ、ローマの支配権拡大に伴って西欧に広まり、キリスト教の普及に併い発展。16～18世紀にかけて宮廷料理とともにフランスで花開き、食文化として根付いたわけやな。以降、フランスは世界に冠たる〝ワイン王国〟として名を馳せ、銘醸品をたくさん生み出してきた。なかでも1855年、パリ万博の時にメドックの格付けが制定されたボルドーは、今世紀に入ってもなお〝ワインの中心地〟といわれてるほどや。

——今日に至るまで、フランスの勢力が圧倒的だったわけですよね。

岡　そう。ボクがワインの勉強を始めた40数年前は、まさにフランス至上主義。フランスを学べば、ワインのすべてがわかる感じやった。それが急激に変化してきたのが80年代。カリフォルニアが注目を集め、それを追ったのがチリやアルゼンチン、オーストラリア、ニュージーランドなどの国々や。

――〝ニューワールド〟という言葉をよく耳にするようになったころですよね？

岡　ワインの勢力図には、国の経済状況や政治も大きくかかわってくる。このところ勢いのついてきた東欧や南米諸国がその顕著な例やね。ブドウの栽培技術も醸造技術も著しく進歩を遂げ、もちろん我が国・日本もフランスに追いつけ追い越せで、クオリティの高いものがどんどん生産されるようになってきた。ここ30〜40年の世界のワイン事情の激変ぶりは、目を見張るほどや。こんな時代が来るとは、40年前にはボクも予想してなかったことやけどね。今や、ワインはオール・オブ・ザ・ワールドの時代！　全世界で生産され消費されているといってもええんとちがうかな。ところで、ワインの生産量でナンバーワンはどこか知ってるか？

――フッフッフ。王国・フランス……と思わせて、確かイタリアでしたよね！

岡　お、よう勉強しとるな。２０１７年の統計(予測)ではイタリアがトップ、次いでフランス、で、その次は？

――えーとスペイン、続いてドイツ…。

岡　ヨーロッパしか思い浮かばんとは、時代遅れもいいとこやで。スペインの後に続くのはアメリカ。次いでオーストラリア、アルゼンチン、そして7位は中国。今やドイツは10位。これまでワインを飲む習慣のなかった国も、世界と対等にお付き合いするためにワインという〝食文化〟が必須アイテムになってきたいうことやろね。

――大国・中国も勢いがあるんですね。

岡　かつて、我々のイメージでは、ワイン先進国といえば、フランス、イタリア、ドイツが〝御三家〟やったけど、その勢力図も今は昔。フランス、イタリアは依然双璧といえるやろうけど、生産量でもドイツはベスト10スレスレ。ちなみにドイツワインはどんなイメージや？

――甘口の白！ですよね。

岡　まったく頭が古いねぇ。確かにかつては甘口の白ワインが9割近くを占め、アルコール度数の低い飲みやすいワインとして日本でも人気を博した。けれども世界的なワインブームの影響でワイン人口が増え、飲み慣れた人も増えたことから〝甘口離れ〟が進み、次第に低迷。若い造り手が中心となって辛口に力を入れ始め、伝統品種のリースリングでさえも辛口のいいのができてきてる。今のドイツは赤：白の比率が約4：6、全体の6割以上が辛口系に変わってきてるねん。

――イタリアは、カジュアルでリーズナブルなイメージがあります。

岡　値段でしか語れないとはこれまた嘆かわしい…。大体カジュアルいうイメージも昔の話。その殻を破ろうと意欲的な醸造家たちがフランスの最先端の栽培方法や醸造スタイルを導入し、革新的なワイン造りを進めてきた。それが80～90年代にもてはやされた〝スーパータスカン（トスカーナ）〟やな。南北に長いイタリアでは、20あるそれぞれの州に固有品種（土着品種）があり、それぞれにバリエーションの広い味わいのワインが造られているのが最大の特徴やね。アルコールはしっかり系。トスカーナのキアンティや北イタリア・ピエモンテのバローロやバルバレスコなどが有名どころ。日本では80年代後半からイタリア料理店の急増とともに輸入量が増え、比較的リーズナブルでカジュアルなワインから銘醸ワインまで人気が高まってきた。

――でも〝王国〟は不動ですよね？

岡　フランスでは1935年に制定されたA.O.C.（原産地統制呼称）法というワインの法律によって、品質や伝統が守られてきた歴史がある。栽培方法や醸造技術においても世界に先駆けていたし、世界中がお手本にしてきたのは確かや。しっかり系のボルドー、華やかな味わいのブルゴーニュを始め、シャンパーニュ、ローヌ、アルザスなど、産地ごとの特色ある優れたワインが産出されている。そやけど今、フランスワインの日本におけるシェアはどのくらいやと思う?

——60〜70%ぐらい?

岡　おぉ!ええとこつくやんか。でも残念〜!それは過去のハナシ〜。〝王国〟の貫禄で昔はダントツやったけど、今やなんと30%台といわれている。それだけ新興国の勢いが強くなってきたんやな。特に西欧諸国が脅威に感じているのがアメリカ。そのきっかけとなったのが1976年のパリ・テイスティング事件や。

——〝事件〟ってまた物騒な…。

岡　ブラインドテイスティングで、名だたるボルドー産よりも無名のカリフォルニアワインが高い評価を受けたという有名な出来事。俗にいう「パリスの審判」でカリフォルニアのレベルの高さが一躍脚光を浴びることになった。規制の厳しいフランスではできなかったことにも挑戦できると、フランスのトップクラスのワイナリーがカリフォルニアで造り始めたのもこの頃から。ブティックワイナリーと呼ばれる小さな蔵も増えた。60年代のナパ・ヴァレーにはわずか10数軒だったのが今や数百軒もあるというからねぇ。近頃は、オレゴンやワシントンも伸びてきて、ボクなんかは、ピノ・ノワールではカリフォルニアよりいいんちゃうかなと思うくらい。

——恐るべしアメリカ…。

岡　研究も熱心やから、例えばカリフォルニアで始まった「キャノピー・マネジメント」いうブドウの葉を管理する技術を、フランスでも取り入れ始めているからね。

——逆輸入ってことですか?

岡　新興勢力がぐんぐんと迫りつつある中、先進国のプライドにかけてもいいワイン造りをしようということで、各国がしのぎを削っているいうのが現状やね。

世界のワイン ヨーロッパ編

フランス・ボルドー地方の巻

岡 ヨーロッパ編の初回は、〝王国〟フランスの銘醸地、ボルドーから。パリのモンパルナス駅からボルドー・サン・ジャン駅まではTGV※で約3時間。ワインの産地は、ガロンヌ、ドルドーニュの2つの川が合流するジロンド川の流域に多く集まってるねん。

――左岸にはグランヴァアンと呼ばれる優れたワインの有名シャトーがひしめくメドックやグラーヴ地区。右岸には世界遺産に登録されているサン・テミリオンやポムロール地区などがあるんですよね。

岡 よくご存知で。ちなみにボルドー市内も「月の港ボルドー」として世界遺産に登録されているけどな。で、ボルドーワインの特徴は？

――ブルゴーニュのなで肩に対していかり肩です。

岡 瓶の話やなくて、中身や！

――赤はカベルネ・ソーヴィニヨンを主体に複数のブドウ品種をブレンドしていて、渋みが強いのが特徴？

岡 ふむ。ではこの赤を飲んでみ。

――この黒に近い深い紫色にブラックベリーの香り、そして強いタンニン。カベルネ・ソーヴィニヨン主体の、いかにもボルドーらしい味わいですねぇ（エヘン！）。

岡 ほほぉそうですかー。右岸にあるポムロールのワインやから、メルロが主体のはずですけど。

――えっ……（ガーン）。

岡 確かにキミの言う通り、ボルドーの最大の特徴はブレンドや。ボルドーで使うことが認められている赤ワインのブドウ品種は、カベルネ・ソーヴィニヨンにメルロ、カベルネ・フラン。それに補助的に使われるマルベック、プティ・ヴェルドなど。若いうちは色が濃く、渋みが強いのも正解やけど、使われるブドウの比率はシャトーによっても違うし、その年のブドウのでき具合によっても変わる。品種のメルロの巻（P50）でも言うたけど、左岸のメドックやグラーヴはカベルネ・ソーヴィニヨンが主体やけど、右岸のサン・テミリオンやポムロールではメルロがメイン。では、ボルドーの白の主要な品種といえば？

——ソーヴィニヨン・ブランとセミヨンとミュスカ？

岡 惜しい！ミュスカはいわゆるマスカット系。じゃなくて、ボルドーのは「ミュスカデル」で、酸味は穏やか、甘い豊かな香りがあるブドウや。多いのはソーヴィニヨン・ブラン&セミヨンのブレンドやけど、極甘口の貴腐ワインで有名なソーテルヌ地区では、セミヨン主体のワインも多い。いずれにしろ、ボルドーでは複数の品種をブレンドすることによって、複雑で豊かな味わいに仕上げるのが伝統的な造り方っちゅうことや。さてと、フランスの次なる銘醸地は、ご存知・ブルゴーニュ。

ブルゴーニュのなで肩と違って、ボルドーのワインボトルはいかり肩！

「シャトー・ラ・クロワ・ド・ゲイ 2002」。色は少し黒みがかったガーネット、タンニンしっかりで余韻も長い。「ブルゴーニュは畑、ボルドーはシャトー（＝ワイナリー）が格付けされる。ボルドー・メドックの格付けは、パリ万博（1855年）の時に『ワインをアピールしましょ』いうて始まってん」。

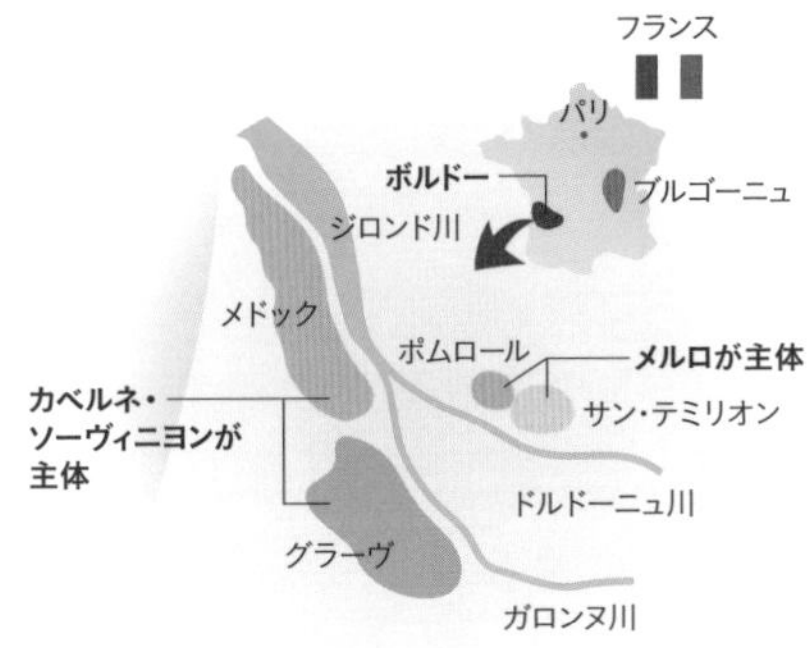

※フランス国内主要都市を結ぶ高速鉄道。

世界のワイン ヨーロッパ編

フランス・ブルゴーニュ地方の巻

岡 ブルゴーニュへはパリ・リヨン駅からTGVで2時間ほど。最初に着くのがブルゴーニュの政治の中心地にあるディジョン駅や。ここからローカル線に乗り、さらに南へ。数㎞走れば、西側に見えてくるのが南北に連なる丘…。

——有名なロマネ・コンティやモンラッシェなど、グラン・クリュ[※]の畑がひしめく〝黄金の丘〟、コート・ドールですね！

岡 そう。ブルゴーニュは一番北のシャブリ地区から、南のボージョレまで南北約300㎞にわたって6つの生産地区が広がっている。特にコート・ド・ニュイ、コート・ド・ボーヌなどを含むコート・ドールがメイン産地やな。ここで栽培される主なブドウ品種といえば？

——ピノ・ノワールとシャルドネ？

岡 お、よくできました。ワインの特徴は？

——ブルゴーニュでは単一品種で造られるから、土地や生産者の個性が表れる！

岡 またぼんやりした表現やなぁ。ほなまぁこのピノ・ノワールを飲んでみよか。

——色はルビー色で、ベリー系の香り。味わいは酸が強く、渋みは控えめです。

岡 うむ。ピノ・ノワールは、熟成すると光沢を増して茶系に変化し、強い酸味はなめらかになる。5～6年ぐらいからが飲み頃で、10年前後に安定した味わいになるものが多い、と。まぁこんな感じやな。一方でシャルドネの特徴といえば？

——「特徴がない」のが特徴でしたよね?

岡　まぁ確かにそやけど、ブルゴーニュの場合は樽を使うことが多いから、少しスモーキーなニュアンスが出てるものが多い。赤と同じく、少し熟成したほうがバランスがよくなり美味しくなるやろね。ところで、さっきキミ、ブルゴーニュ=単一品種と言うたけど、最近注目のブレンドワインがあるのん、知ってるか?

——ああ、パス・トゥ・グラン(P47参照)のことですね!

岡　キミの〝知ったか〟は相変わらずちょっとズレとるなぁ。2011年に認定された「コトー・ブルギニョン」いうA.O.C.(原産地統制呼称)知らんか? パス・トゥ・グランが、ピノ・ノワールとガメイ種をブレンドするのに対し、コトー・ブルギニョンはブルゴーニュのブドウなら複数品種のものをブレンドしていいし、比率も自由。名門メゾンの『ルイ・ジャド』社なども手掛けているから、今後はさらに広がっていくんちゃうかな。

ぷーとふくらんだ
ブルゴーニュタイプの
グラスは、空気に触れる
面積が広いから、
香りが立ちやすい。

『ブシャール』社の「ボーヌ・デュ・シャトー プルミエ・クリュ」は、ピノ・ノワール単一種。「左のボルドー産と比べると、ブルゴーニュワインらしい美しいルビー色をしている。スパイスのような香りに、心地よい酸味。なで肩ボトルもブルゴーニュワインの特徴やね」。

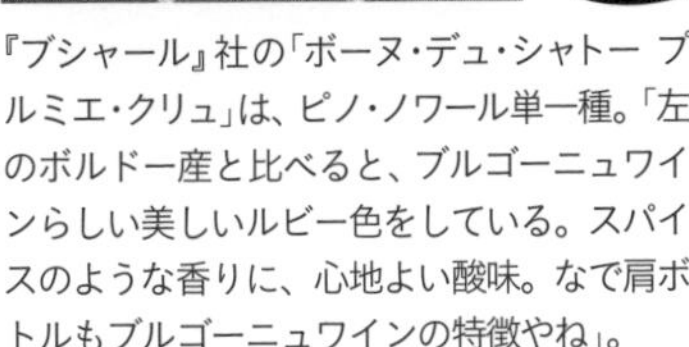

※フランスワインの格付けで「特級畑」を意味し、定義はエリアごとに異なる。

LESSON 3

フランス・シャンパーニュ地方の巻

世界のワイン ヨーロッパ編

岡 突然やけど、フランスの主な産地の位置関係、覚えてるか？

――えーと、パリの南がブルゴーニュで…。

岡 人間の胴体に喩えたら覚えやすいで(左ページ参照)。中心のパリは両方のお胸の間、右胸がロワール、その下の肝臓がボルドー、胃はブルゴーニュ、両股の辺は地中海に面したラングドック・ルーション、プロヴァンス。今回のシャンパーニュは左胸のあたりやな。

――わかりやすい！…するとシャンパーニュはブドウの産地としては北のほうで、冷涼な地域。つまり凝縮感は少ない？

岡 その通り。昔は黒ブドウの色づきは浅く、軽めのワインが造られていた。そんな17世紀の終わり頃に、寒さで発酵が止まってしまったワインが春に再発酵して発泡性のワインになっているのを発見した人物がいたんや。それがオーヴィレール村の修道院で酒庫長をしていた…

――〝シャンパーニュの父〟、かの有名なドン・ペリニヨンさんですね！

岡 相変わらず〝知ったか〟は健在やな。シャンパーニュの産地といえばランスとエペルネ。『モエ・エ・シャンドン』や『クリュッグ』といった有名ネゴシアンの本社のほとんどがここに集まっている。２００７年にＴＧＶが開通してからは、パリ東駅からランスまでは1時間弱で行けるようになった。40年ほど前、ボクがランスの街にいた頃は、まだトラムも走っていない静かな所やったけど、今はきれいに整備されてすっかり立派な観光地になつたもんやねぇ。

――2015年、「シャンパーニュの丘陵、メゾンとカーヴ群」は世界遺産にも登録されましたよね！

岡　おっ、知ってるやん！　そもそもシャンパーニュの土壌は石灰質で、かつては大理石の石切り場やったところ。今も使われているカーヴ（ワイン貯蔵庫）は石を切り出した後にできた洞窟なんや。ところで、石灰質の土壌と聞いて、思い当たることはないか？

――石灰質といえばミネラル？

岡　だ・か・ら。シャンパーニュで栽培される主要ブドウのひとつ、シャルドネは特に石灰質の土壌を好む品種やろ？　つまりここには、ミネラル豊富で酸のきれいなシャルドネが育つ土壌があるんや。

――おお、偉大なるテロワール！

岡　テロワールの意味、知ってるか怪しいけど…。フランスには教えたいエリアがまだまだあるわ！

胴体を
フランス全土に
見立てたら
シャンパーニュは
ソムリエバッチのあたり！
フランスの地理は
カラダで覚えてね♥

シャンパーニュ
パリ
ロワール
ブルゴーニュ
ボルドー
ラングドック・ルーション
プロヴァンス

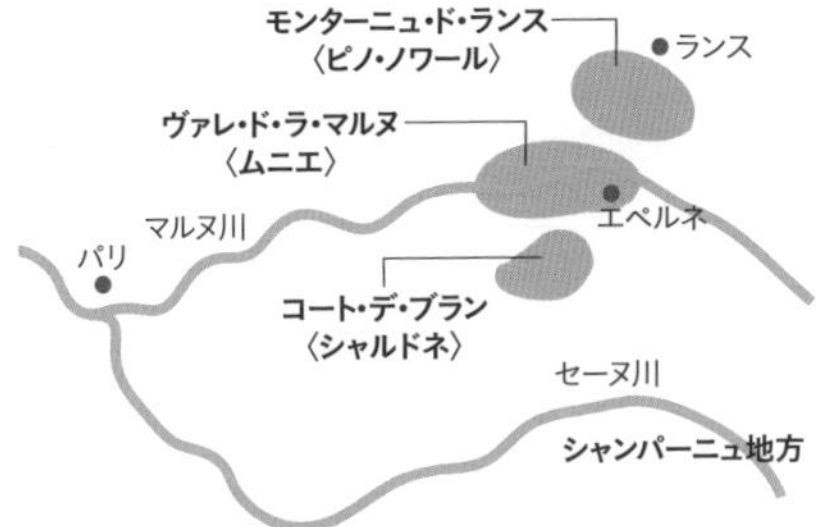

「シャンパーニュで栽培されるブドウの主な産地はこの位置関係。シャルドネはコート・デ・ブラン、ピノ・ノワールは一番北にあるモンターニュ・ド・ランス、ムニエはマルヌ川沿いのヴァレ・ド・ラ・マルヌや」。

世界のワイン ヨーロッパ編
フランス・その他のエリアの巻

――フランスを代表する銘醸地、ボルドー、ブルゴーニュ、シャンパーニュの次にくるエリアといえば？

岡 ボクとしてはコート・デュ・ローヌを推したいねぇ。

――ああ、いつも「焼肉にはコレ！」言うて合わせてはるガブ飲み系のローヌ、ですね？

岡 あのな、確かにローヌの南には、お値段も手頃な親しみやすいワインも多いけど、シャトーヌフ・デュ・パプなんていう上質なんもあるし、北部エリアは、コート・ロティ、シャトー・グリエ、エルミタージュなど洗練系のA.O.P.(原産地呼称保護)もぎょうさんあるんやで。

――あ、エルミタージュって聞いたことあります。

岡 ほんまかぁ？ エルミタージュは、1980年、ボクがフランスでの生活をスタートさせた思い出深い場所。いわば第2の故郷や。スイスのアルプスを発するローヌ川は、レマン湖からリヨンを経由して地中海へ注ぐ。その両岸に広がるコート・デュ・ローヌは、フランスのA.O.P.としては第2位の収穫量を誇っているんや。

――覚えておきます！

岡 その次に挙げるとしたらロワール地方やな。

――世界遺産にも認定されている観光名所！

岡 そう。〝フランスの庭〟ともいわれる風光明媚なところで、ソーミュール城や、我が「リーガロイヤルホテル」のレストランの名前にもなっているシャンボール城など、中世の古城が点在するエリア。ロワール地方は大きく4つのエリアに分けられ、非常にバリエーション豊かなワインが造られているんや。ロワール川の上流に近い中央フランス地域ではプーイイ・フュメやサンセールなどブルゴーニュにも似た洗練系。中流のトゥーレーヌ地区ではシノンや、辛口から貴腐ブドウで造られる甘口、発泡まであるヴーヴレ。下流のアンジュー地域ではスパークリングのクレマン・ド・ロワール。河口に近いペイ・ナンテはミュスカデがよく知られている。キミも聞いたことがあるやろ?

——ミュスカデといえば、海からの涼風を受けて造られるミネラリーな白ワインですね。

岡　ほんまに知ってるんか? ミネラリーって言いたいだけとちゃうか。

——えへっ、バレました?

岡　まぁ確かに魚料理によう合うワインやけどな。魚に合うといえば、マルセイユからニースまで、地中海に面したプロヴァンス地方も忘れてはいけないエリアや。

——出た、憧れの高級リゾート、コート・ダジュール!

岡　そ。訳して紺碧海岸。カンペキ海岸ちゃうで! フランスのワイン産地の中でも最も古い歴史を持つのがプロヴァンス。ここには赤より断然ロゼが似合うと思う。魚の香草グリエに、たっぷりの野菜にツナやオリーブの…

——ニース風サラダ!

岡　はいはい。太陽がサンサンと降り注ぐ畑で育ったブドウから造られるワインは、アルコールもほどほど、酸も穏やか。ブイヤベースなんか食べながら、冷えたバンドールのロゼをクイッ。もうシビレバビデブーやね!

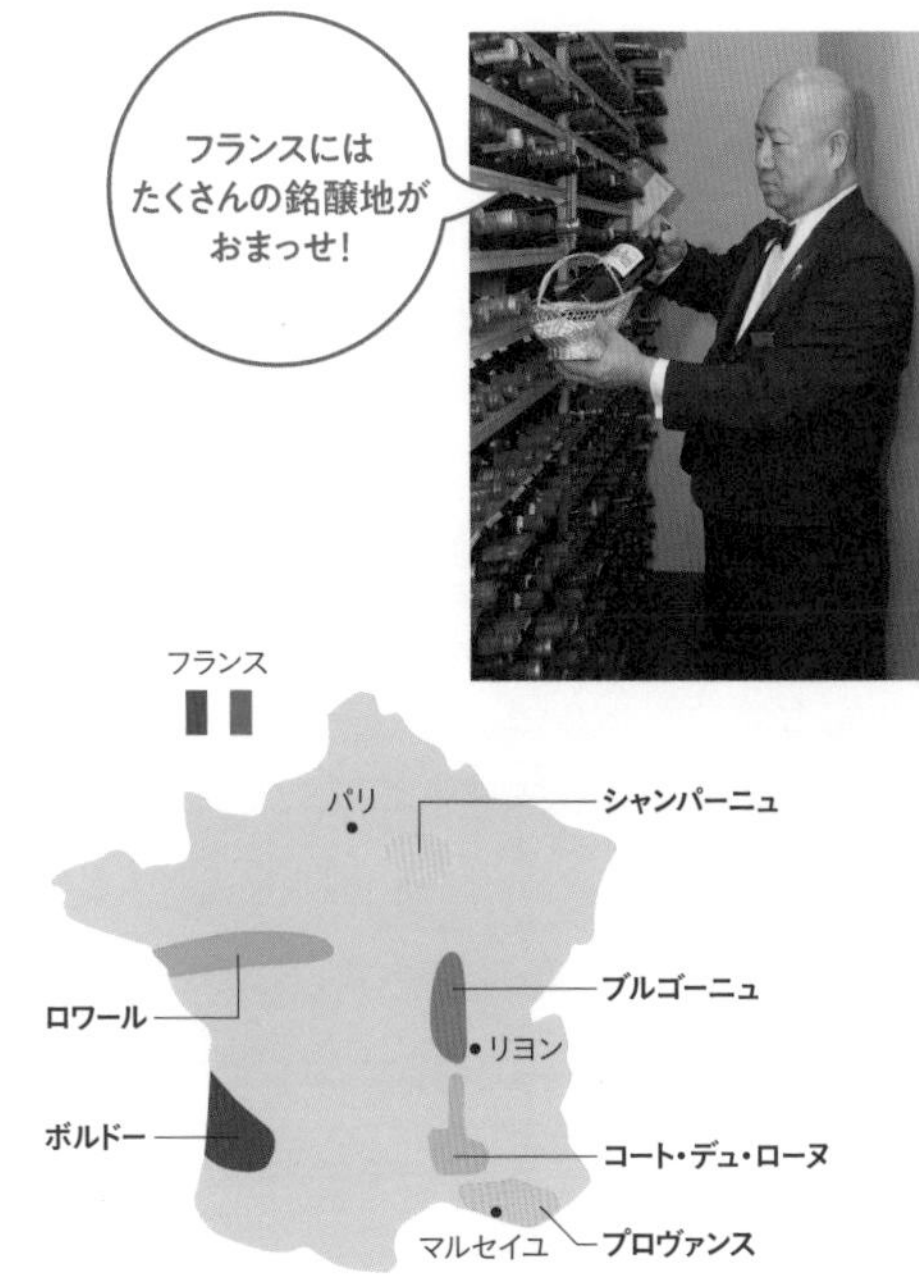

LESSON 3

世界のワイン ヨーロッパ編
フランス・アルザス地方&ドイツの巻

岡 シャンパーニュの中心、ランスからさらに東へ1時間あまり。ヴォージュ山脈を越えると、やがて列車はドイツとの国境に近いストラスブール駅に到着や。

——車窓には、アルザスの雄大な景色！

岡 東に流れるライン川を越えれば、そこはもうドイツ。国境に近いアルザス地方は、かつてフランスとドイツの間で激しい領土争いが繰り広げられたところ。古い街並みや料理にはドイツの影響が色濃く残っているし、ワインもドイツと同じ白が中心。品種編で軽く教えたけど、主な栽培品種は？

——冷涼な気候を好む、リースリング！

岡 ハイ正解。で、どんな味わいや？

——ワイン造りの北限で寒いから、シャープな酸味？

岡 ほんまか？ 実際に同じヴィンテージのものを飲み比べてみよか。

——あれ、アルザスは淡い色で辛口、そしてエレガントだけど、ドイツは色が濃くて甘み豊かでアロマティックな感じがします。

岡 昔から糖度が高いほど高級とされるドイツワインは、リザーブジュースで補糖したり、収穫時期を遅らせて糖度を高めたブドウで醸し、甘みを残して仕上げるのが主流。それに対してアルザスはドライなのが特徴。生き生きとした酸味は、冷涼な気候によって生まれるものなんや。ちなみにアルザスのグラン・クリュで、栽培が認められている品種は？

——リースリングと…？

岡　リースリング、ピノ・グリ、ゲヴュルツトラミネール、ミュスカ、これらがアルザスの4大高貴品種といわれる。これくらい知っといてほしいねぇ。なかでもリースリングが栽培されているのは、気候の影響もあってフランスではアルザスだけ。一方、ドイツのワイン産地は比較的温暖な南西部に集まっていて、優れたドイツワインのほとんどが、ラインガウやモーゼルなど、ライン川の流域やその支流で造られている。この周辺の地層は岩盤が硬く、ミネラルが豊富やから、リースリングを始めとした白ブドウの栽培に適しているんやな。

——確かドイツでは最近、赤ワインも結構造られているんですよね？

岡　そう。南のほうのバーデンやハイデルベルクあたりでは、シュペートブルグンダー（ピノ・ノワール）で凝縮感のある辛口のええのが造られるようになってきた。これも地球温暖化の影響なんやろなぁ。

アルザスは
グリーン、
ドイツのラインガウは
茶色のボトルが
主流！

アルザスの『トリンバック』（左）と、ドイツの名門、ラインガウの『シュロス ヨハニスベルガー』（右）。「ブドウはどちらもリースリングやけど、味わいはまったく別物。ボトルの形がどちらもフルート型なのは、アルザスがドイツの影響を受けた証拠」。

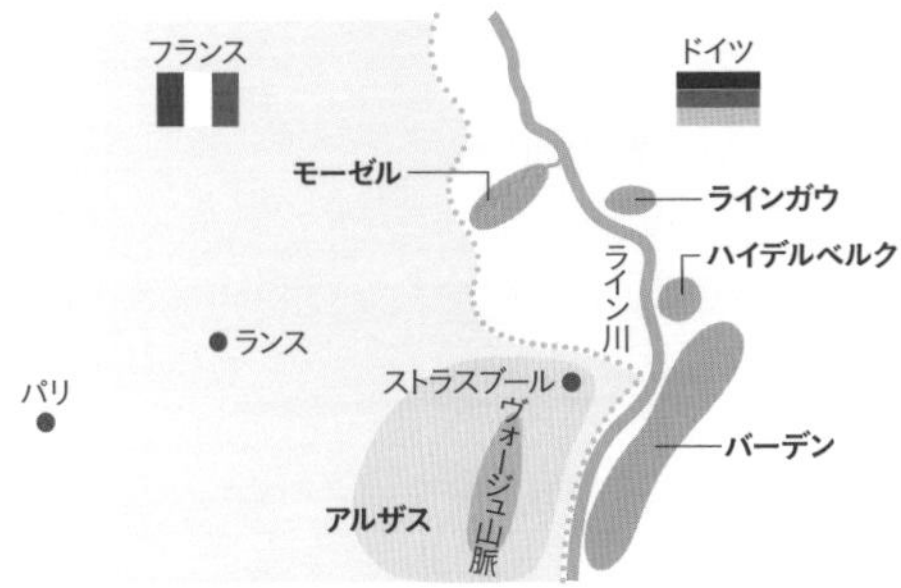

LESSON 3

世界のワイン ヨーロッパ編
スペインの巻 その1

岡　次に目指すはスペインやな。真夏の暑さいうたらハンパやないけど、山あり海ありでええとこやねぇ。各地で様々なタイプのワインが造られてるわな。ブドウ品種も豊富で、赤がテンプラニーリョやガルナッチャ、白はアルバリーニョやアイレンなどが代表的。

――ワイン用ブドウの栽培面積は世界一なんですよね！

岡　お、予習してきたとは感心やな。では生産量の多いところは？

――もちろん、リオハでしょ！

岡　ブー！残念。生産量ではおよそ50％を占める中央部のラ・マンチャがトップ。クオリティの高いワイン産地として知られているのが、リオハやリベラ・デル・ドゥエロ。そして近頃は、カタルーニャのプリオラートも注目されているね。

――スペインのD.O.Ca.（特選原産地呼称）に認定されているのは、リオハとプリオラートだけなんですよね？

岡　そう！特にこの2つのエリアで造られる赤ワインは素晴らしいと思う。

――情熱の国・スペインは、赤ワインの国ともいえますもんね！

岡　と、思うやろ？かつてはそうやったけど、最近は赤がやや多いくらいで、赤白ほぼ同じ。西部のガリシアは白ワインで有名やし、地中海に面したペネデスは、カヴァをはじめスパークリングワインの一大産地。そして、アンダルシアのヘレスでは、シェリーがたくさん造られているからね。とはいえ、まずはスペインを代表するリオハの赤を飲んでみよか。

――リオハの赤ワインは、確かボルドーの味わいに似ているんですよね。

岡　ほぉ、どんな風に？　なぜ？

――と言われましても…（ゴニョゴニョ）。

岡　また中途半端な知識だけ仕入れてからに。フランスに害虫のフィロキセラが蔓延した19世紀の終わり、ボルドーのブドウ畑も壊滅状態に陥った。その際、ボルドーの醸造家たちを受け入れたのがリオハやった。そこで、ブレンドや熟成技術、小樽発酵といったボルドー製法が伝わり、取り入れられるようになったんや。この豊かな果実味、力強いタンニン。ポテンシャルの高さを感じさせるやろ。

――さすが〝第二のボルドー〟！　この香りと味わいの複雑さ。カベルネをブレンドした長熟系のボルドーを彷彿させる仕上がりですね。

岡　出たな、知ったか。ちなみにそれはスペイン原産のブドウ、テンプラニーリョ１００％。ブレンドじゃありませーん！

――ブッ、ブホッ。

岡　次はスペインを代表するもうひとつのワイン、シェリーを飲んでみよか。

赤のイメージが
強いスペイン。
割合は実は半々。
白も要チェック！

リオハの「マルケス・デ・カセレス2011」。「リオハで造られるワインは、88％が赤。これはまだ若いけど、ボルドーの長期熟成ワインと同じように、熟成すればレンガのような色に変化し、味わいも深まっていくやろねぇ」。

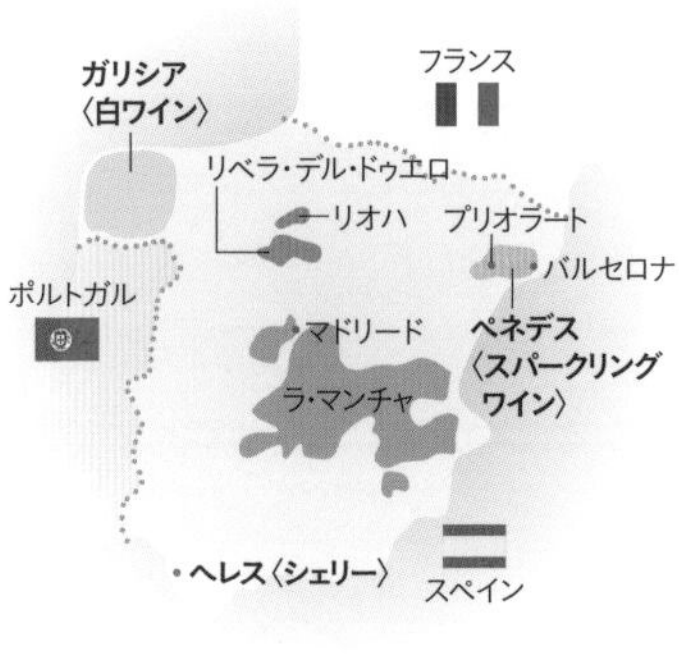

ガリシア
〈白ワイン〉
フランス
リベラ・デル・ドゥエロ
リオハ
プリオラート
バルセロナ
ポルトガル
マドリード
ペネデス
〈スパークリング
ワイン〉
ラ・マンチャ
ヘレス〈シェリー〉
スペイン

LESSON 3

世界のワイン ヨーロッパ編
スペインの巻 その2

岡 シェリーとはどんなワインか、もちろん説明できるわな？

――スペイン原産で、ブランデーを加えた酒精強化ワインです！

岡 またざっくりした答えやなぁ。生産地はスペイン南部。フラメンコで有名なアンダルシア地方のヘレス・デラ・フロンテラ、サンルーカル・デ・バラメダ、エル・プエルト・デ・サンタ・マリア、この3つを結んだ三角形のエリア。

――〝シェリーの三角地帯〟！

岡 その通り。真夏には気温が40℃以上にもなるアッツイところや。もとは劣化を防ぐためにアルコール度数を上げたんやろな。それが長い歴史の中で発酵や熟成方法が工夫され、個性的な味わいの様々な種類が生まれたというわけや。

――ささ、飲みましょう！

岡 ちょい待ち。まずは基礎のお勉強から。ブドウ品種は、パロミノ、ペドロ・ヒメネス、モスカテルという3種の白ブドウだけ。醸造方法などにより、味わいは辛口から極甘口まで様々。甘口のペドロ・ヒメネスも有名やけど、最もポピュラーなタイプといえば？

――辛口のフィノ！

岡 正解。発酵の段階で、酵母の働きによってワインの表面に〝フロール〟と呼ばれる産膜酵母の白い膜ができる。それが液面を覆うことで酸化が穏やかに進み、フィノ特有の味や香りをもたらすといわれている。それともうひとつの大きな特徴が熟成方法やな。

――樽熟成ですね（ドヤ顔）！

岡　ハァ。キミの知識はいつもちょっと浅いなぁ。数段積んである樽の最も熟成が進んだ一番下からワインを抜き出し瓶詰めし、減った分を一つ上、そこで減った分をまた一つ上の樽から順々に補充していく。少しずつ馴染ませ、味わいを均一にできるこの製法を〝ソレラシステム〟というねん。だからシェリーにはヴィンテージがない。ほな飲んでみよか。まずはフィノ。ウイスキーみたいな、ちょっとツンとしたシャープな香りがあるやろ？

――はい、辛口ですっきり！

岡　もうひとつは、フィノを熟成させたアモンティィリャード。甘い香りとやわらかな風味。ヘーゼルナッツのような香りもするねぇ。

――美しい琥珀色、豊かな熟成味にうっとりします。

岡　最近人気のマンサニーリャは、フィノと同じタイプ。海辺の街、サンルーカル・デ・バラメダで造られたものだけがそう呼べる。

――西南から吹く海風、ポニエンテがブドウの樹に海の湿気をもたらし、キリッと軽快な酸味とソルティな味を生むんですよねぇ。

岡　お、ちょっと調子出てきたやんか。ほな次はお隣のポルトガルへ向かうで！

左は、パロミノ種から造られるフィノ。淡い黄金色で、フレッシュでクリーンな味わい。右は、フィノを酸化熟成させたアモンティリャード。「熟成によってもたらされるナッツやレーズンのような香りが特徴やね」。

LESSON 3

ポルトガルの巻 その1

世界のワイン ヨーロッパ編

岡 ボクが初めてポルトガルに行った時は、マドリードからリスボンまで長い列車の旅やったなぁ。さて、ここで問題です。ポルトガルの代表的なワインといえば？

——酒精強化ワインのマデイラとポートワインです！ ポートワインは〝ポルトガルの宝石〟とも呼ばれる、ルビー色のワインですよね！

岡 ハイハイ、そういうことはよくご存知で。ポートワインの生産地は、ポルトガル北部に流れるドウロ川上流の沿岸に広がるドウロ地域。山間部の段々畑で育てられたブドウで仕込んだワインは、港町オポルトへ運ばれ、対岸のヴィラ・ノヴァ・デ・ガイアで熟成される。今は列車があるけれど、昔は帆かけ舟に樽を積んで川を下ったんやな。で、どんなワインや？

——えっと、食後酒向きの甘い赤ワインで…。

岡 残念、赤だけちゃうねん。

——ホワイトポートって書いてあるコレ、まさか辛口？

岡 残念、まぁ飲んでみ。

——蜜のような甘い香りです！

岡 発酵途中でブランデーを加え、糖分を残して仕上げるのがポートワインの造り方。辛口なんてありません！ 白はホワイトポート1種やけど、赤にはタイプがいくつかあって、鮮やかなルビー色で若いのがルビーポート。こっちは樽熟成させたトウニーポート。楽しみ方としては、白は少し冷やしてアペリティフに。赤はチーズやチョコレート、葉巻なんかと食後に味わうのがスタンダードなスタイルやね。

——うーん、カッチョイイ♪

岡　他にも作柄のいい年に造られるヴィンテージ・ポートや、それに次ぐ良質なブドウで造るレイト・ボトルド・ヴィンテージなどがある。これらは熟成方法や申請時期などが厳格に定められているねん。ろ過せず瓶詰めして、長い間熟成させるヴィンテージ・ポートは、澱もぎょうさんたまるから、デキャンタージュ（P170参照）する場合は、澱が入らんようにより慎重に。コルクかて、糖分で固まったり脆(もろ)くなってるから普通には抜かれへん。時には、こんな道具も必要になるほどやねん。

——わわ、恐ろしく巨大なペンチ!!

岡　真っ赤になるまで先端を焼いて瓶の首を挟み、その後急冷してポキン！と。ところでキミ、さっきからクイクイ飲んでるけど大丈夫か？ 甘くて飲みよいけど、アルコール度数は20％前後と高めやから、調子にのるとひっくり返るで。

——はれぇ、そういえばなんかいい気分になってひまひた〜。

岡　まったく、言わんこっちゃない。次はポルトガルの〝緑のワイン〟でシャキッとしてや。

「最低でも20年は熟成させるヴィンテージ・ポートは、漉さずに瓶詰めするため1／5ほども澱がたまっていることもある。劣化を防ぐため、光を通さない黒い瓶に入っていることが多いねん」。

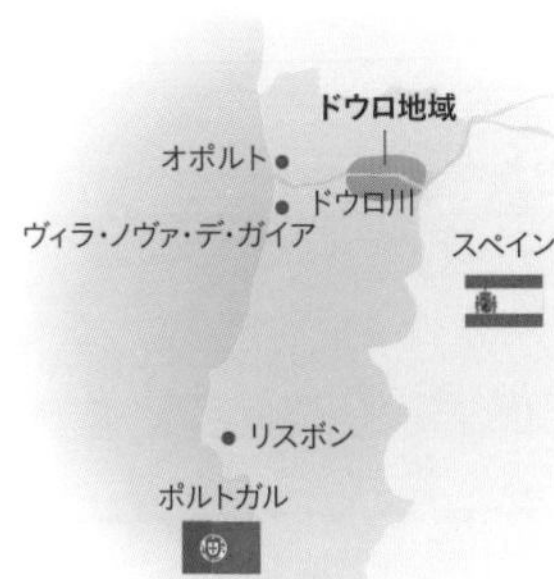

LESSON 3

ポルトガルの巻 その2

世界のワイン ヨーロッパ編

岡 ポルトガルのワインといえば、先に述べた酒精強化ワインのポートワインやマデイラのイメージが強いけど、近頃それを凌ぐ勢いなのが、バルや居酒屋でも人気のヴィーニョ・ヴェルデ。今日はこれについてお勉強しよか。

——あぁそれ、大阪・京橋のマグロ屋台でも見かけましたよ。低アルコールで微発泡の白ワインでしょ。

岡 はいザンネン！ ヴィーニョ・ヴェルデは白だけに限らへんで。赤もあるし、ロゼかてあります。

——えっ、だって〝ヴィーニョ・ヴェルデ〟って〝緑のワイン〟って意味でしょ？ グリーンっぽいワインって、白しかあり得なくないですか。

岡 直訳すればそうやけどヴィーニョ・ヴェルデは、ポルトガルの北西部、ミーニョ地方のD.O.C.(ポルトガルの原産地呼称統制)のひとつ。つまりエリアの名称でもある。スペインのリアス・ヴァイシャスから続く沿岸地域に広がる地域で「緑の地」と呼ばれるほど自然が美しいところ。冷涼だから、避暑地や別荘地としても人気の高いエリアや。そこで完熟前のブドウを収穫し、発酵の途中で瓶詰めして造られるのがヴィーニョ・ヴェルデの伝統スタイル。そのため、アルコール度数の低い微発泡性のワインができるんやな。

——じゃあ、低アルの微発泡ってのはアタリですね。

岡 まぁ待ちぃな。最後まで聞きたまえ。ヴィーニョ・ヴェルデの「ヴェルデ」には、若々しさという意味もあり、かつては若いうちに飲む爽やかなタイプのワインが多かった。けれども近年は、技術の向上などによってアルコール度数の高い、しっかりしたワインも造られているんや。主なブドウ品種は、白はアルヴァリーニョ、赤はアマラルやヴィニャン。白ワインが6割以上とはいえ、赤やロゼ、スパークリングワインも造られている。

——それにしても、なぜ急に注目されるように?

岡　お、ええとこに気ぃ付いたな。発酵途中で瓶詰めするワインの性質上、輸送中に変質しやすいため、昔は赤道を越える国へは輸出されてなかったんや。日本に入ってきたのも2005年、愛知県で開かれた「愛・地球博」の時が初めてといわれている。低アルで爽快な飲み口が、ビールみたいにガブガブ飲めると、アメリカで火がついたのがブームのきっかけらしいね。

——爽やかな味わいに相性がいいのはやっぱ魚ですね。

岡　そやね、日本のお造りや、ポルトガル料理がルーツといわれる魚介の天ぷらにも合うと思うわ。〝海のワイン〟とも呼ばれるくらいやから、暑い夏に海辺でグイッと飲んだらたまらんやろね〜。ちょっとワイルドに氷を6個(ロック)入れて、オン・ザ・ロック!な〜んてね。

柔らかで
微量の気泡が
特徴!

右/「カザル・ガルシア」。アルコール9%。1939年に誕生した微発泡性ワイン、ヴィーニョ・ヴェルデの代名詞的存在。「フルーティーで爽やか、ほのかなシュワシュワが蒸し暑い季節にいいね」。

左/「モンジェス・赤ヴィーニョ・ヴェルデ」。アルコール 13%。ヴィニャン100%、微発泡の赤ワイン。「カシスやブルーベリーのような果実味があって、酸もタンニンもしっかりやね」。

LESSON 3

イタリアの巻 その1

世界のワイン ヨーロッパ編

岡 さて、ヨーロッパの西の端まで行ったところで次はフランスと肩を並べるワイン大国イタリアや。

——20州、すべてのエリアでワインが生産されていて、土着品種のブドウがたくさんある国ですね！

岡 嘆かわしいほど薄っぺらな答えやなぁ。メルロやシャルドネなどの国際品種もたくさん造られているから、そこお間違えなく。

——…はい（しゅーん）。

岡 ほな、気を取り直して。細長い国土ゆえ、多様なテロワールを有するイタリアでは各地で多彩なワインが造られている。特に北部はバラエティー豊かで、例えばヴェネト州ヴェローナは、爽やかな白のソアヴェや陰干しブドウを使ったちょっと濃厚な赤ワイン、ヴァルポリチェッラなどが有名。ミラノがあるロンバルディア州はイタリア屈指のスプマンテの産地で…。

——最近よく見るフランチャコルタもロンバルディア州ですよね！

岡 そう。それからフリウリ地方で造られるフリウラーノは、料理と相性抜群。特にアスパラガスによう合うねん。さてここで問題。北部のピエモンテで造られるイタリア最高峰のワインといえば？

——バローロとバルバレスコ！

岡 ＹＥＳ！ トリュフ祭で知られるアルバの街を挟んで、北がバルバレスコ、南がバローロ。どちらもネッビオーロ種で醸される、タンニンしっかりの長熟系赤ワイン。エリアも近いしブドウも一緒。ごっちゃにしやすいけど、バルバレスコの熟成期間が26カ月以上なのに対してバローロは38カ月以上。それだけ力強くて濃い味わいのものが多い。ま、経験値の低いキミらにはわからんかもしれんけどな。では、もう1問。ピエモンテと並び称される銘醸地、トスカーナの赤ワインといえば？

——えっ…と、何でしたっけ？

岡　昭和35年創業の、伝説のレストランの名前にもなったアレや！

——…あっ、キアンティです！

岡　その通り。キアンティはサンジョヴェーゼ種がメインやな。この3種がイタリアを代表するワインやから、覚えときや。では、ピエモンテからはこの1本。

——バルバレスコ！　うん、このタンニンの力強さは、さすがですねぇ。

岡　スパイスやドライフルーツのようなアロマ。まだ若いから果実味もある。熟成すれば渋みも和らぎエレガントで繊細な味わいに変わっていくやろねぇ。

——キアンティは、酸味とタンニンのバランスが素晴らしい！

岡　この濃いルビー色とやわらかなタンニン、しっかりとした酸。これがサンジョヴェーゼの特徴やな。さて、次回はもうちょい南のほうへ行くとしよか。

イタリアを代表するワイン産地、ピエモンテは、長靴の左上部あたり！

「バルバレスコの『Pelissero 2011』(左)は肉料理に合うパワフルな味わい。『BROLIO 2012』(右)は、キアンティ地域の中でも特定のエリアで生産されたキアンティ・クラシコ。ブドウの比率や醸造期間も普通のキアンティとは異なる規定があるねん」。

LESSON 3

イタリアの巻 その2

世界のワイン ヨーロッパ編

岡 イタリア編も後編。今回は南部やな。

——南は気候も温暖だから、ワインも濃厚系？

岡 そ。南北に長いイタリアは、南に行くほどワインの味わいが濃くなる傾向がある。今日は、ボクが選んだ南イタリアの代表的なワイン、ナポリ近くのアリアニコ種「タウラージ」とシチリア島のネーロ・ダヴォラ種の1本を持ってきたで。まずは、タウラージからいこか。

——〝南のバローロ〟とか〝南イタリアのロマネ・コンティ〟とも称される赤ワインですね。

岡 ハイハイ。今回も知ったかクン豆知識のご披露ありがとう。

——ピッツァにワイン、最高の組合せですよね！

岡 と、思うやろ。そやけど向こうでは案外、ピッツァにはビールを合わせる人も多いみたいやけどな。

——あ、そうなんですか…。

岡 では飲んでみよか。熟れた果実を思わせるジャムのような香り。太陽を浴びて育った南のワインいう感じやろ。力強く豊かなタンニンとふくらみのある味わい。この余韻の長さは、熟成のきくワインならではやねぇ。ブドウは土着のアリアニコ種。タウラージ村は、標高がやや高めで、夏と冬の激しい寒暖差が濃密なワインを醸すブドウを育てるといわれている。

——イタリア三大品種のひとつですもんね！

岡 それ、何が基準？ 確かに南イタリアの代表品種ではあるけど、なんせイタリアは、赤白合わせて500種ものブドウが栽培されているといわれているんやで。前編でも触れた、北部ピエモンテのネッビオーロ、中部トスカーナのサンジョヴェーゼ、南のアリアニコ。そしてもうひとつ。シチリア島原産のネーロ・ダヴォラ。どうせならこの4つを覚えといたら、そこそこ〃知ったか〃できるんちゃうか?

——イタリア土着品種の四天王ですね！覚えておこ〜っと♪

岡　ネーロ・ダヴォラはきれいなルビー色。アリアニコのタウラージほど濃密でなく、チェリーやベリーなど、フレッシュな赤黒系果実のアロマやね。味わいも、軽やかで、程よいタンニン。15〜16℃くらいに少し冷やして飲んでも美味しい赤やね。ちなみにシチリアは、アラブの食文化の影響を受けているから、クスクスなんかも伝統の料理やねん。というても実はボク、ローマより南は行ったことないねんけどね。

——え！そうなんですか？

岡　だって、マフィアの本場いうイメージでなんかコワイやんか…。

南イタリアを
代表するワイン
「タウラージ」の
ブドウ品種は、
1個でも
"アリア2個"!

「『タウラージ』は、ナポリから東へ約50kmに位置する村の名前。左の『ラディーチ』をはじめ、多くがアリアニコ種100％で造られるねん。シチリア島の『チェラズオーロ・ディ・ヴィットリア』は、ネーロ・ダヴォラ種とフラッパート種、2種のシチリア土着品種から造られる赤。シチリア島の代表的なワインやね」。

スイス
オーストリア
フランス
ピエモンテ州
→ネッビオーロ
トスカーナ州
→サンジョヴェーゼ
イタリア
ナポリ
→アリアニコ
シチリア島
→ネーロ・ダヴォラ

LESSON 3

世界のワイン ヨーロッパ編

スイスの巻

――今回は〝ヨーロッパの縮図〟スイスですね。

岡　主なワイン産地は、フランス語圏のスイス・ロマンド、イタリア語圏のスイス・イタリエンヌ、ドイツ語圏のスイス・アルモンなど、他国と隣接している地域。レマン湖、ヌーシャテル湖、ビール湖の3湖を含む西部のスイス・ロマンドが80%を占め、なかでも最大のワイン産地がヴァレー州。２番目はブドウ畑が世界遺産にも登録されたヴォー州や。

――小さな国なのに随分広範囲で造られているんですね。

岡　と、思うやろ。せやけど山の多いスイスはブドウの栽培面積も限られるから、国全体で約1万5000ha。淡路島の4分の1くらいしかないねん。それでも一人当たりのワイン消費量では年間35ℓと、世界でトップ10に入る隠れたワイン消費大国なんや。

――自国の消費量が多いから、輸出量が少ない。だからスイスワインをあまり見かけないんですね。

岡　その通り。主な品種は、白がスイスを代表するシャスラ。赤はピノ・ノワール、メルロなど。

――スイスといえば、やっぱりスッキリ爽やかな白ワインですよね！

岡　出たな知ったか！　そんなイメージがあるかもしれんけど、国全体では赤50%：白49%（ロゼ1%）と、若干やけど赤が多い。では早速試飲といこか。まずはシャスラ。

――色はきれいな黄緑色ですね。

岡　アロマはフレッシュな青リンゴや石灰。ミネラル感が長く続く。味は、キレのいい辛口やな。もう1本はロゼの「ウイユ・ド・ペルドリ」や。

——ム…? このベリー系の香りと、酸の強い味わい。これはもしやピノ・ノワール…。

岡 やるやんか! このイチゴやラズベリー、赤い果実を思わせる香り。しっかりした酸の爽やかな味わいはピノ・ノワールそのものやな。ちなみに「ウイユ・ド・ペルドリ」いうのは、山ウズラの目という意味。こんなきれいな眼の色をしてるんやろねぇ。ピノ・ノワール90%以上で醸された、ヌーシャテル湖付近発祥のロゼワインだけがこう呼ばれるんや。

——どちらもすっきりしたドライな味わいだから、熟成させるより若いうちに飲むほうがいい感じですね。

岡 そう。白もロゼも少し冷やして飲むんがオススメやね。どうや、この爽やかな味わい。キレイな湖や山があって、牛がのんびり草を食(は)む。アルプスの少女・ハイジの世界が目に浮かぶようやろ。

——これはガブガブいけちゃいますヨ～レイホ～♪

岡 調子にのると明日、山ウズラみたいな眼になるから気ぃつけや。

別名“山ウズラの眼”の「ウイユ・ド・ペルドリ」は覚えておくべき一本!

左／ヴォー州のシャスラ「ラ・コロンブ」は、ミネラル感があってすっきり。キレのあるドライな味わい。右／ヌーシャテル州を代表する「ヴァランタン ウイユ・ド・ペルドリ」はピノ・ノワール100%で、「味わいもピノ・ノワールそのものやね!」。

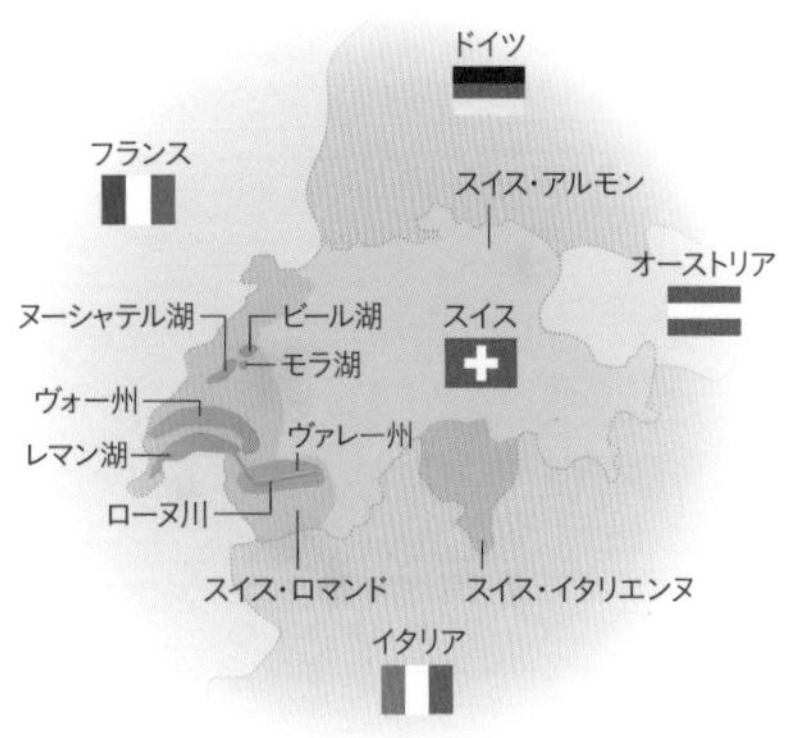

LESSON 3

オーストリアの巻

世界のワイン ヨーロッパ編

岡 主要なワイン産地は、首都ウィーンをはじめ、ニーダーエスタライヒ、ノイジードル湖周辺のブルゲンラント、そしてグラーツを中心としたシュタイヤーマルクの4つの州。ちなみに、商業用ワイン産地が首都にあるのは世界でもここだけ。

――それにしても国の東側にしかないんですね。

岡 ええとこに気付いたな。西はアルプスから続く山間部やから、ワイン産地は東に集中してるんや。なかでも全体の60%が、ヴァッハウを中心としたニーダーエスタライヒで造られている。主な品種はグリューナー・フェルトリーナー。

――オーストリアを代表する白ブドウですね!

岡 そう。黒ブドウでは、最も多く造られているのがツヴァイゲルト、次がブラウフレンキッシュ。

――全体としては白、ドイツっぽい甘めが多いんですよね!

岡 ほぉ、じゃ飲んでみよか。まずはグリューナー・フェルトリーナー。白い花やライチ、桃のような甘い香りやね。飲んでみると…。

――あれ、甘くない…。

岡 スッキリしたドライな飲み口やろ? やわらかな酸味で余韻もある。確かにブルゲンラントなどでは、貴腐ワインやアイスワインも造られていてその印象は強いけど、甘いワインばっかりやないねん。

――赤は2番目の栽培量を誇るブラウフレンキッシュですか。

岡　コーヒーや炭、少し焦げたような香り。タンニンは程よく、酸はしっかり。ちょっと重ためのツヴァイゲルトより軽くて洗練された味わいで、ボクはこっちが好きやねん。ところで、キミは、「ホイリガー」って聞いたことないか？

――あ、新酒のことですね！

岡　その通り。ウィーンのグリンツィング村などには「ホイリゲ」と呼ばれるワインの造り酒屋兼酒場がたくさんある。軒下には、新酒ができた合図の松やモミの小枝が吊るされるんや。

――日本の杉玉みたいですね。

岡　そう。そして伝統的なホイリゲは、長椅子に長テーブルが定番スタイル。なぜかといえば、民主的な王様として知られる皇帝ヨーゼフ二世が、ここで民衆と肩を並べてワインを飲みながら語り合ったからといわれているねん。これは、ボクが現地で聞いた話やけどね。

――じゃあ私らも肩を並べて語り合…

岡　いたいところやけど、まだまだ勉強が足らんわ！

「ホイリゲ」は、王様が民衆と語り合ったワイン酒場が起源やねん。

「栽培面積の30％以上を占めているのが白ブドウの『グリューナー・フェルトリーナー』(右)。やわらかな酸とスッキリとした味わいが特徴やね。『ブラウフレンキッシュ』は、ブラックチェリーやプラムのような肉感ある果実を思わせる味。少し冷やすと味が引き締まってさらに美味しく飲めまっせ」。

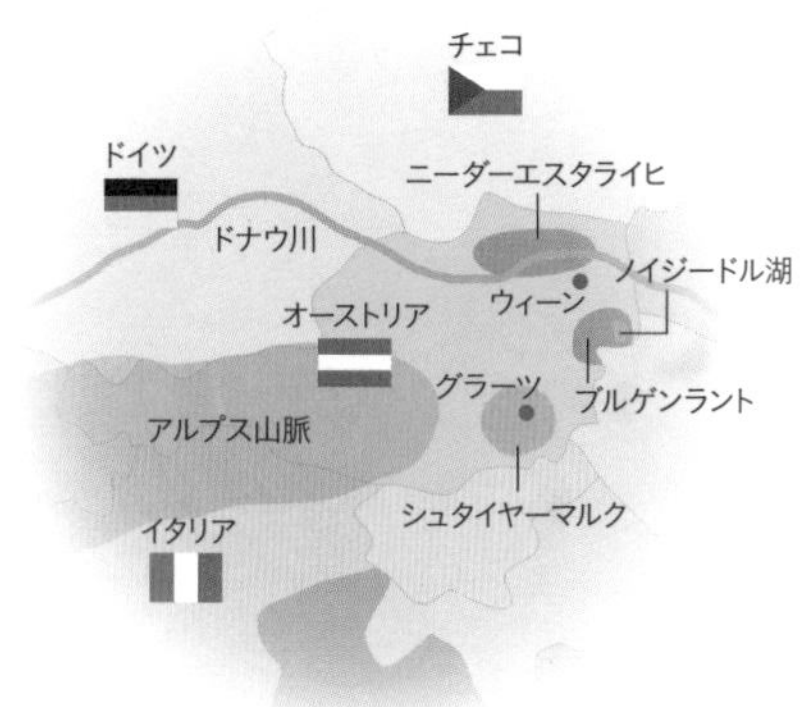

LESSON 3

世界のワイン ヨーロッパ編

東ヨーロッパ諸国の巻

岡 今日は、ルーマニアのワインを持ってきたで。そこでクエスチョン。ルーマニアでワインが造られるようになったのは、いつ頃からでしょうか。

――聞いたことないから…20世紀の終わり頃！

岡 ブー！ ギリシャ神話に登場するワインの神様、ディオニソスが生まれたところともいわれていて、ワイン造りが始まったのは4000年以上も前のことなんや。

――じゃあニューワールドじゃないってこと？

岡 そうや。ルーマニアをはじめ、モルドバやハンガリー、ブルガリアなどは、どこも紀元前からブドウ栽培が行われていて、ワイン造りの歴史も古いんや。

――ハンガリーはフォアグラ、ブルガリアはヨーグルトのイメージしか…。

岡 まあキミの知識レベルではそうやろな。ハンガリーには、フォアグラにもよう合う「トカイ」やら、〝牡牛の血〟とも呼ばれる「エグリ・ビカヴェール」なんていう有名な赤ワインもあるんや。

――トカイは、世界三大貴腐ワインの一つですね！

岡 正解。東欧諸国のワイン造りの歴史は長いんやけど、

ルーマニア国内最大のワインメーカー『ジドヴェイワイナリー』の「ネク・プルス・ウルトラソーヴィニヨンブラン」。穏やかな柑橘系の香りに、ピーチのような甘いニュアンスも。2015年にイタリアで開かれた「世界のソーヴィニヨン・コンクール」で金メダルを受賞した。

長らく独裁政権下にあったために西欧諸国との交流も閉ざされていた。息を吹き返す転機となったのは、1989年のルーマニアのチャウシェスク政権の終焉や。

――ベルリンの壁、崩壊！

岡　そう。フランスやスペインなど、外資も参入して、各国で技術革新が進み、2000年頃からは品質も飛躍的に向上したんや。

――じゃあ〝オールドワールドのニュースタイルワイン〟ってこと？

岡　お、うまいこと言うやんか。その代表格ともいえるのがルーマニア。2007年にEUに加盟してからは、クオリティの高いワインを世界へ輸出しているんや。

――では、テイスティングタイム、スタート！

岡　ブドウ栽培に適した気候と土壌に恵まれたルーマニアは、栽培面積ではヨーロッパで5番目の広さ。国土のほぼ全域でワインが生産されている。土着品種も含め、多種多様なワインが生まれているけれど、特に注目なのがソーヴィニヨン・ブラン。これはイタリアで開かれたコンクールで金メダルを獲ったワインや。

――うん、これは確かに世界一の仕上がりですねぇ。

岡　ほんまにわかってるんかいな？　赤はルーマニアの黒ブドウの中でも最古といわれているフェテアスカ・ネアグラ。近頃はメルロやカベルネ・ソーヴィニヨンなど国際品種も多く栽培されているというから、古くて新しい東欧諸国のワインは、これからますます楽しみやね。

“ルーマニアのボルドー”ともいわれるエリアで造られた「アルティザン フェテアスカ・ネアグラ」。凝縮した果実の香りやスパイス、程よいタンニン。メルロのようなまろやかさ、カベルネ・ソーヴィニヨンに似た骨格も。

LESSON 3

世界のワイン ヨーロッパ編
イギリスの巻

岡 さて、このスパークリングは、どこの地方で造られたものでしょうか？

――キメ細かな泡、キレイな酸…そしてこの上品な味わいは、ズバリ、シャンパーニュですね！

岡 ハア、きっとそう言うと思たわ。実はこれ、イングランド南部で造られた泡なんや。

――え!? 寒いイギリスでワインが造られているんですか。ブドウ栽培の北限はシャンパーニュと思ってました。

岡 イギリスの首都・ロンドンとフランス・シャンパーニュの緯度は同じくらい。特にスパークリングワインの生産が盛んな南部地方は、地質学的に見てもシャンパーニュとよく似た白亜土壌の地層に恵まれているらしい。

――イギリスのワインって聞いたことないんですが…。アメリカやチリと同じニューワールド的な感じ？

岡 いやいやブドウ栽培の歴史は古く、古代ローマ時代からといわれている。11世紀頃には修道院を中心にミサのためのワインが造られていた。それが、宗教改革による修道院や教会の解体で一旦は途絶えてしまう。そやけど、ワインを飲む文化は続いていたので、海洋帝国として栄えた15～16世紀頃にはヨーロッパ各国から良質なワインが集まっていたんやな。

――再びワイン造りが始まったのはいつ頃から？

岡 本格的に復活したのは20世紀後半のこと。かつては、冷涼な気候に合わせたハイブリッドやドイツ系交配種の白ブドウ品種が中心やった。味わいも、ライトでフルーティーなワインが多かったのが、１９８０年代から気候温暖化によってブドウの熟度が上がるようになり、いいブドウができるようになった。特にイングランド南部で栽培されたシャルドネ、ピノ・ノワール、ムニエで造るスパークリングワインのクオリティがグッと上がってきた。

——品種もシャンパーニュと同じなんですね。

岡 それや。シャンパーニュをお手本に、ブドウも製法も同じスタイルで造られたイギリスのワインが、なんと、97年に世界的なコンペで、シャンパーニュを押さえて金賞に輝いた。それで一躍脚光を浴びることになったんや。

——スゴイ！道理で美味しいはずですね。

岡 温暖化の影響でブドウ栽培が可能なエリアが広がったとはいえ、イギリスはワイン生産国の中ではもっとも北極寄り。しかし、瓶内二次発酵で造られるスパークリングの場合、ドザージュ（補糖）という工程がある分、熟度が低めのブドウでもクオリティの高いワインを造ることができる。そやから一般的なスティルワインより、泡に力を入れる生産者が多いのかもしれんね。向こうのソムリエに聞いた話では、冷涼な気候のおかげでスパークリングに求められる酸もブドウに保たれているんやて。

ハンプシャーに本拠を置く『ハンブルドン』の「プルミエ・キュヴェ」。アプリコットの香りやチョーキーなミネラル感のあるすっきり辛口の仕上がり。

LESSON 4

世界のワイン ニューワールド編

アメリカ・カリフォルニア州の巻

アメリカ・オレゴン&ワシントン州の巻

カナダの巻

オーストラリアの巻

ニュージーランドの巻

南アフリカ共和国の巻

チリの巻

アルゼンチンの巻

アジア諸国の巻

LESSON 4

世界のワイン ニューワールド編
アメリカ・カリフォルニア州の巻

――この章のテーマは「ニューワールド」ですね。

岡 どこのことを指すんや？

――近年ワインを造り始めた国ですよね！

岡 曖昧な答えやなぁ。諸説あるけど、大航海時代より後に造り始めたヨーロッパ以外の国や地域。なかでも元気なエリアを学んでいくで！ まずはアメリカで約80％の生産量を占めるカリフォルニアや。

――お手頃なガブ飲みワイン！

岡 知ったかクン、絶好調やね…。昔と違い、今ではクオリティの高いワインも多い。例えばナパ・ヴァレー。1966年にロバート・モンダヴィがワイナリーを設立した頃は、わずか10数軒やったのが、今や立派な名醸地。トップレベルのワイン造りを目指すナパでは、当時から世界で超一流とされていたボルドー風ブレンドのワインが造られてるねん。

――ボルドー風ということは…赤はカベルネ・ソーヴィニヨン、白はソーヴィニヨン・ブランを主体にブレンドしてるってことですよね？

『ケンゾー エステイト』の「あさつゆ 2015」(左)と「紫鈴 rindo 2013」。トップクラスの栽培家や醸造家と手を結んで造られている。

乾燥・日差しを朝霧が和らげる！

岡　よくできました。ただブドウ品種は同じやけど気候も違うし、当然テイストの異なるワインが醸される。温暖なナパでは、ブドウの糖度も高く、一般的に濃厚で凝縮感のある味わいになりやすい。それに、ブドウに水をやったりシートを被せることも禁止されているフランスに比べ、規制の少ないアメリカでは様々な技術を使って栽培できるからね。

——えっ！　フランスではブドウに水も与えちゃダメなんですか？

岡　フランスなどでは「自然の雨水でブドウを育てること」が義務づけられてる。その個性もヴィンテージによって異なるという考え方やからね。コレ〝知ったか〟ポイントやろ？

——はい、いただきます！

岡　東西を山に挟まれたナパでは、朝晩の寒暖差で濃い朝靄(あさもや)が立ち込める。これが強い日差しを和らげたり、土壌に必要な水分をもたらすねん。灌漑(かんがい)できるとはいえ、自然の力によるところは大きい。それに加えて、今じゃ世界のスタンダードになった「キャノピー・マネジメント（葉の管理）」もナパ発祥。特にここ20年の進歩は目覚ましく、ボクが初めて行った90年代より繊細で洗練されたワインが多く造られている。その造り手のひとつが『ケンゾー エステイト』や。

——日本人オーナー、辻本憲三さんのワイナリーですね。

岡　そう。早速赤ワインの「紫鈴(りんどう)」からいただいてみよか。

——色は鮮やかなダークレッド。

岡　インクやプラム、ペッパーのようなスパイシーな香り。典型的なボルドースタイルやけど、果実味豊かでアルコール感のある味わいがナパらしい。白は「あさつゆ」やな。ゲストハウスに泊めてもらった朝に見た、幻想的な雲海を思い出すわ。

——その光景が目に浮かぶような、爽やかな柑橘系の香りです。

岡　そやけどボルドーとは違う、甘い香りの柑橘系やピーチのニュアンスがあるやろ。よっしゃ、次はアメリカのもうひとつの銘醸地に行くで。

撮影協力、風景写真提供／『ケンゾー エステイト ワイナリー大阪店』
大阪市北区梅田2-4-36 上島ビル1F ☎06・4799・0701

LESSON 4

世界のワイン ニューワールド編

アメリカ・オレゴン&ワシントン州の巻

岡 アメリカの後編は、オレゴンとワシントンや。

――ワシントンって、ワシントンD.C.とは違いますよね?

岡 おーいそれは首都！ こっちはワイン産地のワシントン「州」のお話。カリフォルニア州の北に流れるコロンビア川を挟んで南北に位置する2つの州は、ワインも似たものが造られている。特にオレゴンは、ピノ・ノワールの産地として世界的にも注目されてる。ある銘醸地の気候と似ていることが深く関係してるねんけど…さて、どこでしょーか?

――う、うーん、アメリカでも北のほうだから涼しい気候で…、ピノ・ノワールが美味しいってことは…。もしやブルゴーニュ!?

岡 やるやんか！ オレゴンの緯度は、ブルゴーニュとほぼ同じ約45度。西側の寒流から冷たい風が吹き、東側のカスケード山脈に当たって降りてくるため、意外に思うかもしれんけど比較的冷涼なエリアなんや。涼しい気候を好むピノ・ノワールの栽培に適していることから、80年代後半から90年代にかけて、ブルゴーニュのワイナリーが進出してきたんや。

――本家の造り手が、ブドウから育てているんですね。

岡　そういうこと。ブルゴーニュの中心地、ボーヌのトップワイナリー『ジョゼフ・ドルーアン』もその一つ。88年にオレゴンのウィラメット・ヴァレーにワイナリーを設立し、注目を浴びた。このワイナリーのオレゴン産とブルゴーニュ産のピノ・ノワールを飲み比べてみるで！

――どっちも2014年ですね。

岡　色は共に鮮やかなルビー系やけどオレゴンのほうがちょっと濃いやろ？　香りもベリー系で似てるけど、ブルゴーニュはややおとなしめ。オレゴンのほうが濃縮感があるね。

――味わいは結構違います。

岡　そやな。オレゴンのほうはタンニンが強く、酸味はブルゴーニュのほうがしっかり。違いはあれど、どちらもピノらしい味わいやねぇ。

――アメリカならではの強い日差しや温度などが、ブドウの味わいに違いを生んだのでしょうか。

岡　そういうこと。それから、アメリカにはブドウ栽培やワイン醸造を専門で学べる大学もあって、フランスから学びに来る人もたくさんいるねん。そやから造り手の進歩も大きいやろね。

――ブルゴーニュのピノ・ノワールは5～6年熟成くらいからが飲み頃でしたよね？　てことはオレゴンも？

岡　一概にはいわれへんけど、このくらいの酸とタンニンなら、早飲みもできるね。ほな次は北上してカナダへ。

オレゴンの方がちょっと濃い！

オレゴン　ブルゴーニュ

「『ジョゼフ・ドルーアン』が、ボーヌで創業したのは1880年。"フランスの魂とオレゴンの土"で、アメリカでも優れたワインを生み出しているワイナリーや」。

LESSON 4

世界のワイン ニューワールド編

カナダの巻

岡 カナダといえば世界で2番目に広い国土を誇る国や。

——てことは、ブドウの栽培面積も広大?

岡 いや、国土の80%は山と森と湖やからワインが造られているエリアはごくわずか。主なワイン産地は、東のオンタリオ州ナイヤガラと、西のブリティッシュ・コロンビア州オカナガン。最近では国際的に評価されるワイナリーも増えてるねんけど、生産量の少なさから世界に出回ることは少ない。そんなカナダワインを有名にしたのがあるワインや。

——凍った完熟ブドウで造られる、極甘口のアイスワインですね!

岡 その通り。もとはドイツで生まれ、オーストリアなどでも造られてきたもの。それが1970年代後半からカナダで造られるようになるんやけど…その理由は?

——うーん、カナダの人が真似をした!

岡 キミはほんまに浅はかやなぁ。考えてみ。この頃は世界的にも温暖化が取り沙汰されてきた時期。ドイツやオーストリアではブドウが凍らず、造れない年もあったんや。そこで寒さの厳しいカナダなら安定的にできることに気付き、ドイツの醸造家が造り始めた。今や、アイスワインの生産量世界一はカナダや!

——す、すごい…!!

岡 カナダのアイスワインは、外気温マイナス8℃以下で収穫したブドウを使う。凍るのは水分だけで糖分は凍

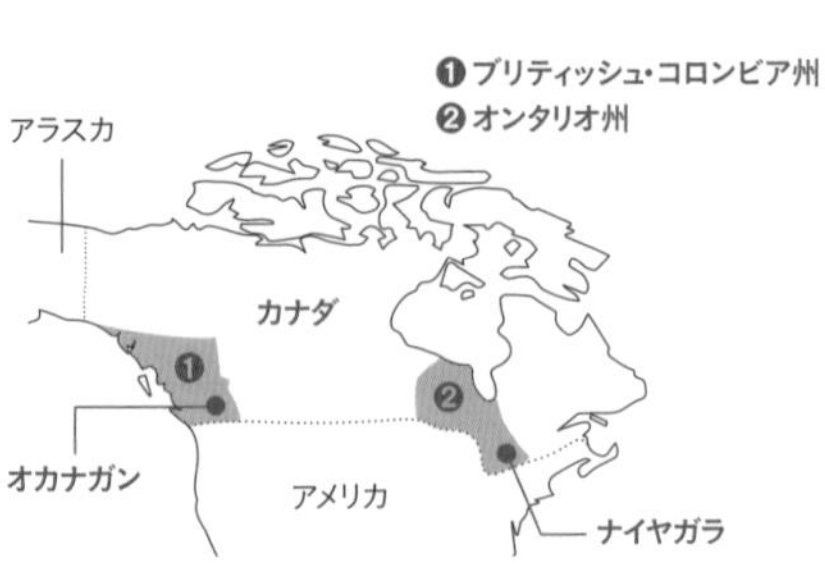

らない。それを搾ると蜜のような甘いジュースができる。だから甘いワインができるんや。ちなみに、ブドウ1房からほんのわずかしか造られへんねん。

——なんと希少なワイン！ではその高級品、せっかくだしキンキンに冷やしていただきましょう！

岡 なんでそんなに冷やすん？

——だってデザートワインは、冷やして飲むものだったような…。

岡 確かに温度が高いと甘さが際立ちすぎるけど、ブドウ本来の味を楽しむには5～6℃くらいがええと思うで。

今日は、カナダの代表的な品種、ヴィダルとリースリング、それにサンジョヴェーゼや。

——え、赤もあるんですか？

岡 ピノ・ノワールかてメルロかてあるで。この多彩さもカナダのアイスワインの魅力なんや。ハチミツのような甘さのヴィダルは、メイプルシロップをたっぷりかけたパンケーキと。柑橘系の爽やかなリースリングは、果物なんかと合わせたら美味しいやろねぇ。赤のサンジョヴェーゼは、ほのかにアールグレイの香りもするから、紅茶と一緒にいただくのもオツやね。

アイスワインはボトルもオシャレ！

サンジョヴェーゼ(左)
香り：ベリー系、黒糖、アールグレイ。
味：濃厚な甘さの中に、スパイスのニュアンス。
リースリング(中)
香り：オレンジ、リンゴ、ライチなど。
味：レモンのような爽やかさ。ややオイリー。
ヴィダル(右)
香り：ハチミツ、洋梨、桃など。
味：ほのかな酸、キャンディや桃のような甘さ。

世界のワイン ニューワールド編
オーストラリアの巻

岡 続いては、世界一大きな島で、世界一小さな大陸、オーストラリアやな。

――ワインの生産量では世界5位。ニューワールドを代表する国のひとつです！

岡 とはいうても、ワイン造りは1788年から。歴史は古いのに、〝ニュー〟なのはなんでや？

――ヨーロッパから遠いので造っているのを知られていなかったとか？

岡 ブー！ イギリス領だったオーストラリアではポートワインのような酒精強化ワインが主力やったんや。時代とともに食事と楽しむワイン造りに方向転換していくんやけど、大きな転機となったのが1976年の「パリスの審判」や。

シャルドネ
完熟ブドウから醸されるトロピカル系の香りが特徴。ニュー・サウス・ウェールズ州は、オーストラリアのワイン発祥の地であり全体の33%が造られている一大生産地。

シラーズ
芳醇な香りとしっかりしたタンニン。厚みのある味わい。オーストラリア最大の生産地が南オーストラリア州。なかでもシラーズの産地として有名なのが、赤土の土壌＝テラロッサを持つバロッサ・ヴァレー。

温暖なオーストラリアでは、
比較的冷涼な南部一帯でワインが造られている。

――ブラインドテイスティングの大会で、当時無名だったカリフォルニアワインが、最高峰とされていたフランスワインよりも高評価を得て、ワイン界を震撼させた事件ですよね?

岡 そう。これに刺激を受けてアメリカに追いつけ追い越せと頑張ったおかげで、90年代に飛躍的な成長を遂げるわけや。今では赤はカベルネ・ソーヴィニヨンやピノ・ノワール、白はセミヨンやリースリング、シャルドネなど、多彩な国際品種でええのが造られている。さて、この地を知らずしてオーストラリアワインを語るなかれ。オーストラリアのワイン発祥の地、ニュー・サウス・ウェールズ州のシャルドネを飲んでみよか。

――きれいな黄金色ですね。

岡 ナッツやハニーの香り、やわらかな酸と甘み。80年代頃までは、樽香の強いヘビーなんが多かったけれど、今は繊細な味わいのも増えているんや。さて次はバロッサ・ヴァレーのシラーズや。

――フランスのシラーとは呼び方が違うだけでなく、味わいも別物。チョコレートみたいに甘みが濃厚なんですよね(フフン)。

岡 ほお、そうなん?

――(ひと口飲んで)……全然チョコじゃない。

岡 シラーズの香りはカシスやブラックベリー。ちょっとスパイシーな香りもする。凝縮感があって力強いけれど、そんなに濃いわけじゃなく、洗練された味わいやろ。ローストビーフと一緒に食べてみ。牛肉独特の味や香りを、しっかりしたタンニンがいい感じに洗い流し、少し甘さすら感じるやろ。

――見事なマリアージュ!

岡 はいはい、その通り。互いの魅力がさらに際立ちナンボでも飲めるねぇ。ちなみに「シラーズ」という名前は、オーストラリアの人がシラーを母国語風に呼んだのが始まり、とボクは思ってる。現在は濃厚で力強いトラディショナルなものから、繊細で洗練された現代風のものまで、バラエティ豊かで、面白い国になってきたね。さて次回はニュージーランドやな。

世界のワイン ニューワールド編

ニュージーランドの巻

岡　オーストラリアのお隣、ニュージーランド。さて、どんな国や？

――南北２つの島からなり、四季があってちょっと日本と似てるんですよね？

岡　そ。この国の最大のワイン生産地が南島のマールボロ地方。次いで北島のホークスベイ、そして世界最南端のワイン産地、セントラル・オタゴなどが主要なエリアや。世界的に脚光を浴びるきっかけになったのが…。

――ソーヴィニヨン・ブラン！

岡　正解。では、なんで美味しいワインができるんや？

――南極に近くて涼しいから、いい白ブドウができる！

岡　相変わらずザックリした答えをアリガト。海に囲まれたニュージーランドは、国土のほとんどが海洋性気候

ソーヴィニヨン・ブラン

ニュージーランドを代表する品種で、今や世界標準になりつつあるともいわれるソーヴィニヨン・ブラン。『大沢ワインズ』は北島のホークスベイに。鮮烈な酸とほおずきのような香りが特徴。

ピノ・ノワール

ニューワールドの中では珍しく冷涼な気候で、近年はエレガントなピノ・ノワールも生まれている。南島・マールボロの『キムラセラーズ』は、数々のコンクールでも受賞歴のある実力派。

で、一日の中にも四季があるといわれるほど寒暖差がある。この気候にソーヴィニヨン・ブランがピタッとハマったんやろね。現在では造られているワイン全体の85%が白で、そのうちソーヴィニヨン・ブランが約7割以上を占めているんや。ほな早速飲んでみよか。

――爽やかな香り！

岡　…もうちょっと言いようないか？　ほおずきや熟してないトマトのような、ちょっと青い香りがするやろ？　一般的なのと比べると、香りが鮮烈で酸がシャープ。“世界のスタンダードになりつつある”ともいわれてるんや！

――す、すごい…！　さすが白ワインの国ですね。

岡　最近は赤もええのができてるねんで。特にセントラル・オタゴやワイラパなどでは、高品質のピノ・ノワールが生まれている。ちょっと気難しい品種のピノ・ノワールが育つのも、冷涼な気候と土壌が合ったということやろね。

――キレイなルビー色ですね！

岡　まだ若いから紫が残ってて、ちょっと紫蘇ジュースみたいな色やね。香りはベリー系。

――む？　なんか動物っぽいニュアンスの香りがするような気が…。

岡　ちょっとわかってきたやんか。ボクの知る限り、ニュージーランドのピノには、なめし皮のような香りがするのが多いんや。

――ところで今日の2本、どちらも造っているのは日本人なんですね？

岡　お、気付いたか。実はニュージーランドには日本人醸造家も多くて、近頃は世界的なワインコンクールでも賞を取ったりしてはんねん。ニュージーランドワインのレベルアップに、日本人が一役買ってるとは実に嬉しいねぇ。

赤より、白ワインのイメージが強い国!?

LESSON 4

世界のワイン ニューワールド編

南アフリカ共和国の巻

岡　今回は、今、レストランで見ることも多くなった南アフリカ共和国(以下 南ア)ワインを学ぶために課外授業や。会場は、南アワインオンリーの『モンテラート』。横山シェフはイタリアンで腕を磨いてきた大ベテラン。

——イタリアンで南アワイン??

横山(以下横)　ハイ。どっぷりハマってしまいました。

——南アってかなり暑いのでは? ブドウ育ちます?

横　ケープ地方の夏の平均気温は大阪より低く、南極からの冷たい風も吹く。世界最古ともいわれる土壌は水はけも保湿性もよく、実はブドウ栽培に適した国なんです。

岡　70年代には、今のワイン法の前身となる法律が制定され、94年には歴史を揺るがしたアパルトヘイト全廃。

横　それをきっかけに、「ヨーロッパに負けないワインを！」とハイクオリティなワインが生まれていくのです。それも、脱機械化し、農薬を極力減らし、丁寧に造られています。

岡　そのうえ、ワイナリーの9割が2004年に世界遺産登録された「ケープ植物区保護地域群」にあるから、政府によって世界で最も厳しい環境基準が設けられてるんや。ほな、泡からいただこか。

横　南アでは「キャップ・クラシック」と呼ばれる、シャ

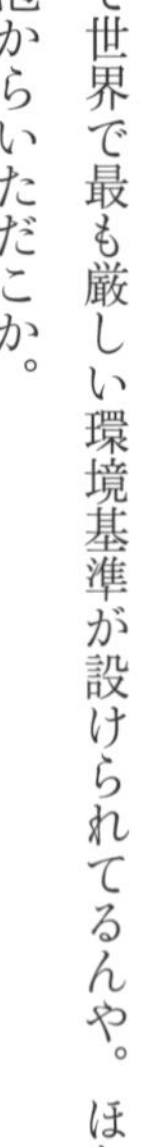

自然保護や教育支援、フェアトレードなど社会貢献を意識したワイナリーが多いのも南アの特徴なんや!

ンパン製法で造られた『ステレンラスト』のロゼスパークリングです。２０１２年のロンドン五輪の公式ワインにもなりました。

――ロンドン五輪の!? 恐るべし…。

岡　桜の花びらを思わせる柔らかなピンク色。粒子が細かくて、糸を引くような繊細な泡立ちやねぇ。次は最大の栽培面積を誇る『ベリンガム』のシュナン・ブランや。

――南アといえば白ですもんね。

横　かつてはそうでしたが、最近は白55％に対して赤45％。かなり赤の比率が高まっているんです。

岡　キミの頭は古いねぇ。この麦わらのようなイエロー。甘い香りはシュナン・ブランの特徴やね。

カベルネフラン、シュナン・ブラン、シャルドネをブレンドした『ステレンラスト』のロゼスパークリング。

横　実はワタシ、これで南アワインの虜になりました。

岡　ドライで美味しいね。さて、次は赤。南アの赤といえば、ピノ・タージュ。

――南アの土着品種ですね！

横・岡　ブーー！

岡　フィロキセラの被害後、暑さや病害に弱いピノ・ノワールに、比較的丈夫で栽培しやすいサンソーをかけ合わせて、１９２５年に生み出されたハイブリッド品種や。

横　『カノンコップ』はピノ・タージュの名手ともいわれる造り手。数々のコンテストで優勝しています。

岡　深い味わい、程よいタンニン、後味に感じるスパイシーさ。南アはワインの世界を広げてくれるねぇ！

左／『カノンコップ』のピノ・タージュ。右／『ベリンガム』のシュナン・ブラン。

撮影協力／『料理研究所 モンテラート』
大阪市北区曽根崎新地1-3-29 リップルマックスビル3F ☎080・9471・7987 ※紹介制。

LESSON 4

世界のワイン ニューワールド編

チリの巻

——チリワインといえば今や日本への輸入量ナンバーワン。安旨ワインの代名詞ですね！

岡　確かにそうやけど、近頃では世界的な評価も上がってるし、高級系も増えつつある。チリならお手頃と思ってナメてたらあかんで。まずは、チリのチリ(地理)から。北のアタカマ砂漠から南の南氷洋まで約4300㎞の縦長の国。東側には何がある？

——アンデス山脈があるンデス！

岡　…やるやんか。ワイン産地は、アンデス山脈と西の海岸山脈に挟まれたエリアで、南北に広がっている。北からコキンボエリア、アコンカグアエリア、セントラル・ヴァレー、そして南部地方と大きく分けて4つ。南部地方はパイスという伝統品種が主。アコンカグア流域から首都サンティアゴ周辺のセントラル・ヴァレーは、カベルネ・ソーヴィニヨンやメルロ、カルメネールなどの産地として知られるところ。

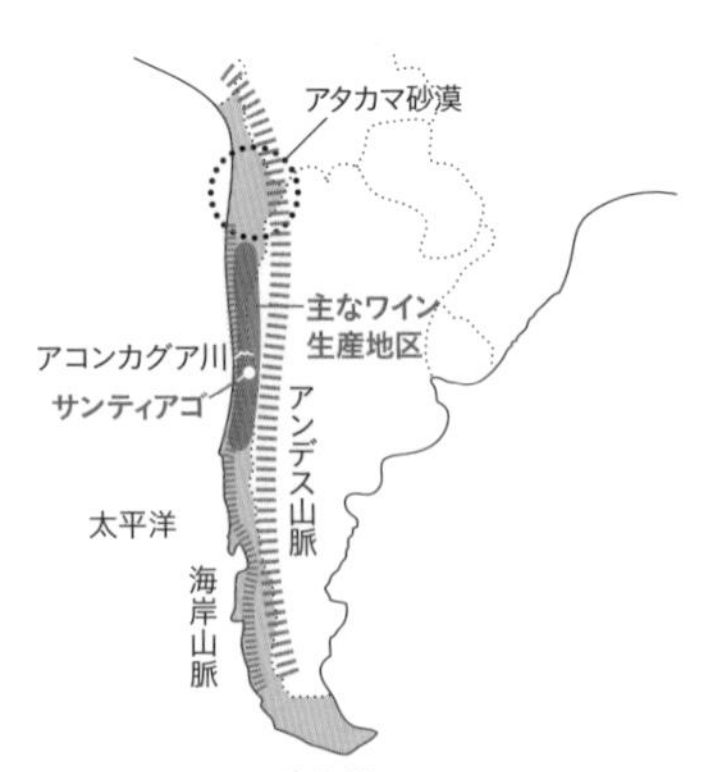

——ボルドー品種が多い気が…。

岡　お、鋭いな。実はチリの主要品種は、1851年に「チリのブドウ栽培の父」と呼ばれる人物がフランスから持ち込んだボルドー品種の苗木が根付いたといわれている。しかも、砂漠や山脈、南極に囲まれているから、19世紀の半ばにヨーロッパのブドウをボロボロにした害虫・フィロキセラの被害も免れた。つまり今でもフランス系品種のブドウが自根（接ぎ木をしていないブドウの木）で栽培されている唯一の国やねん!!

――そ、そんなに貴重な木がチリに…!! それにしても、砂漠に南極…過酷な気候なのに、フランスの苗が育つものなんですね。

岡　もちろん、夏は川も干上がるくらい暑くて乾燥するから、アンデスの雪解け水を利用した灌漑設備は不可欠やけどな。昼は太陽サンサン、夜は太平洋側の寒流からの風でグッと涼しい。この寒暖差がブドウに凝縮感を与え、美味しいワインができるいうわけや。ほな飲んでみよか。最近、生食用ブドウからシフトチェンジして、注目を集めつつある北部のコキンボエリア、リマリ・ヴァレーの白ワインから。

――甘い香りー!

岡　シャルドネは、パイナップルやライチ、トロピカル系の香り。南国をイメージさせるねぇ。チリは、日本と逆で北へ行くほど暑くなるけど、標高が高いのと、寒流からの風の影響で、酸がこんな風にイキイキとするんや。

――赤は妙に色が濃いですね。

岡　This is カルメネール! という色。カルメネールも原産はボルドーやけど、今やチリの代表品種ともいえる。ちょっと土っぽくてスパイシー。若いメルロを思わせる香りやろ。程よいタンニンと強すぎない酸という南米の赤ワインの特徴もよく出ていて、バランスもいいな、レベル高いやろ? さて次は、男の子の国へ行くで～。

――え、男の子の国?

「色も味も濃厚。実は長い間、メルロと勘違いされてたんや。収穫期になると、葉っぱが赤く色付くのも特徴のひとつ」。

世界のワイン ニューワールド編

アルゼンチンの巻

岡　さてさて、お次は男の子の国〝アル〟ゼン(前)〝チン〟やな。

――……。

岡　…ウォッホン!! では気を取り直して。知らんと思うけど、アルゼンチンはワインの生産量、栽培面積でもベスト10に入るワイン大国。かつては、国内消費がほとんどやったけど、90年代にフランスやイタリアの資本が入ってクオリティがグッと高まり、同時に輸出量も伸びた。ボクが最初に行った87年頃とはワイナリーの様子もすっかり変わり、近頃はレストラン併設のオシャレなところも増えてる。今や、チリと並ぶ南米の二大巨頭なんや！

――アルゼンチンとチリはお隣同士だから、気候も似ていてブドウもよく育つってことですね！

マルベック
色の濃さが特徴。原産のフランスではボルドーや南西フランスで栽培されているが、最近ではアルゼンチンのほうが有名に。濃厚な果実味と、力強いタンニン、しっかりした酸もある。

トロンテス
アルゼンチン原産で、今もほぼアルゼンチンでしか栽培されていない白ブドウの代表品種。マスカットのようなフレッシュで甘く華やかな香りと、しっかりした酸が特徴。

岡　ブブーッ！　隣といってもアンデス山脈の西と東。チリは地中海性やけど、アルゼンチンは大陸性気候やから夏には雨も降るし、栽培品種もちゃうねん。今日持ってきたトロンテスとマルベックが代表品種や。

——産地はどちらもメンドーサ州というところですね。

岡　そう。アルゼンチンには大きく分けて北部、中央部、南部と3つの生産地があるけれど、全体の約70％が中央部のメンドーサ州で造られている。まずは、白から飲んでみよか。

——華やかで甘い香り！

岡　マスカット一族のブドウ、トロンテスや。少し苦みがあり、スパイシーさも感じるね。このしっかりとした酸が、標高の高いアルゼンチンの畑ならではの特徴。

——ムムッ。赤は色も香りも濃いです。

岡　そう。この色の黒さから原産地のフランス南西地方、カオールでは「黒ワイン」とも呼ばれているマルベックや。ブラックチェリーのような香り、豊かな果実味と凝縮感。そして最大の特徴がこの力強いタンニンや。さて、どうしてこれがこの国で好まれていると思う？

——濃い味好みの人が多いから！

岡　（ガクッ）まぁそうかもしれんけど…。アルゼンチンの名物料理といえば、牛や羊の肉を豪快に炙り焼きにするアサード。こいつをガブッとやってマルベックを飲めば、タンニンが肉の脂をシュッと流して、また食べたくなる。まさに、肉にぴったりのワインなんや。

——うー、ヨダレが…。

岡　脚のキレイなオネエさんのタンゴショーを観ながら飲めば、もう言うことなしやね～♪

肉の国・アルゼンチンでは、豪快な炙り焼きのアサード×マルベックがテッパン!!「夜食べてもアサード！ お肉の写真はボクが現地で撮ったもの。ホンマよう合いまっせ」。

LESSON 4

世界のワイン ニューワールド編
アジア諸国の巻

岡　アジアでワインを造っている国といえば？

――日本、中国、韓国…あとどこでしょう？

岡　タイ、ベトナム、インド、マレーシア…今やアジアのほぼすべての国で造られてるはずやで。

――インドみたいに暑い国でもブドウが育つんですか？

岡　高地ではキレイな酸のええブドウができるらしく「スラ・ブリュット」いうスパークリングワインは〃インドのドンペリ〃なんて異名を取るほど。

――ドンペリ⁉ それは気になります！

岡　今日持ってきたのはインド〃ネシア〃のワイン。

――えっ、インドネシアでもワインが造られているんですか。

岡　インドネシアの中でもワイナリーがあるのはバリ島

ホワイト・ヴェルヴェット
ブドウはマスカット系の交配種、ミュスカ・サン・ヴァリエ。「メロンやスターフルーツなどトロピカルな香りで、香辛料の利いたカレーなど合わせてみたいねぇ」。

ルディシア
ブドウはアルフォンス・ラヴァレ。スモーキーでスパイシーなニュアンス。アプリコットやチョコレートなどの香り、甘みもあり、タンニンはほどほど。

だけやそうや。島の北部には山脈があって、最高峰のアグン山は海抜3000m超。涼しいところもあるんやね。

——でも、確かイスラム教徒の国。お酒はNGでは？

岡　その通り。90％がムスリム、つまりイスラム教徒やからお酒はご法度。それもあってワイン造りの歴史はごく浅く、国産ワインの誕生は、つい20年ほど前らしい。

——まさにニューワールド。

岡　数年前、ボクが行った『サバベイ・ワイナリー』は、2010年に設立されたばかりの新進気鋭の醸造所。ブドウ畑はワイナリーから120km も離れた山の中にあって、そこではブドウの三毛作もできるんやて。

——めっちゃやたくさんワインが造れますね！

岡　そやけど、味を凝縮させるために二毛作までに留めてるそうや。インドネシアでは、外国から輸入したブドウでワインを造っているところもあるけれど、『サバベイ・ワイナリー』は、契約農家が育てる自国のブドウ100％。ワイン造りが雇用の促進や豊かな暮らしの一助になれば、というのがオーナーの想いなんや。

——いいお話ですねぇ。さ、早く飲みましょ！

岡　…ったく、人の話、聞いてたんかいな。ほなまずは白から。ミュスカ・サン・ヴァリエという土着品種や。

——わ、常夏の国らしい甘い香り！

岡　辛口に仕上がってるけど、爽やかな甘みがインドネシアの焼鳥、サテ・アヤムなんかに合いそうやね。赤はフランスのロワール地方原産のアルフォンス・ラヴァレ。おそらくオランダ統治下時代に伝わったんやないかな。ヨーロッパ系の品種やけど、エキゾチックな香りで灼熱の太陽を浴びたバリ島らしい甘みがあるね。

——しかしアジアも、なかなか侮れませんね。

岡　特に生産量で桁外れの中国は勢いもあるし、近頃は白も赤も泡も随分とクオリティが上がってきてる。馬力のあるチャイナには、これからも注目しチャイナよ！

「選別機やプレス機など、イタリア製の最新機器がズラリ。『サバベイ・ワイナリー』の立派な設備には、僕もビックリ仰天！」。

日本のワイン編

日本のワイン編

北海道の巻

日本ワインを牽引する活気あるエリア

岡　ワイン生産量では山梨、長野に次いで第3位の北海道。毎年のように新しいワイナリーが誕生するなど、日本で一番活気あるエリアというてもええんちゃうかな。

——北海道ワインの代表といえば「十勝ワイン」！

岡　カーッ、嘆かわしい。キミの頭はまだ雪どけ前のようやな。確かに1960年代、最初に北海道ワインが脚光を浴びたきっかけは「十勝ワイン」やった。しかし、それからかれこれ60年。2000年代からはワインブームの追い風や地球温暖化の影響もあって、ブドウ栽培エリアはどんどん広がっている。現在の中心地は空知（そらち）地方や後志（しりべし）地方の余市平野。近頃は、上川（かみかわ）地方の富良野や道南の函館などにもワイナリーができているんや。今日は、余市平野の余市町とそのお隣、仁木町のワインを持ってきたで。

——雪の多い場所でもブドウって育つものなんですね。

岡　そう。近頃増えている小さなワイナリーは、フランスの「ドメーヌ」のように、自社畑で育てたブドウを100％使っているところも多いんや。この『ドメーヌ・タカヒコ』や『ニキヒルズワイナリー』もそう。仁木・余市地区は北海道の中でも比較的温暖で、梅雨がなくて夏

2　1
3　4

1 上川地方（富良野盆地、上川盆地）
2 空知地方（浦臼町、三笠市、岩見沢市）
3 後志地方（余市平野）
4 十勝地方（十勝平野）

の湿度も低い。土壌は水はけがよく、昼夜の寒暖差もあるからブドウ栽培には適した条件が揃ったところなんや。とはいえ冬場の雪はハンパやない。そこで、独特の〝余市植え〟いうのがあるんや。

——なんですか、その「苗植え、壱ノ型」みたいなの？

岡　雪の重さで苗木が折れんように、地面に対して斜めに植えるんや。そうすると雪にすっぽり覆われて、寒さからも守られるんやて。

——品種は寒さに強いドイツ系がメインですか？

岡　かつては耐寒性に優れたドイツ系が主体やったけれど、様々な工夫や気候の変化もあって、最近はピノ・ノワールやシャルドネ、ソーヴィニヨン・ブランなど、ヨーロッパ系品種が増えてきているんや。

——早く飲ませてくださいよー。

岡　まずは白から。『余市ワイン』と『ニキヒルズワイナリー』は、どちらもケルナー100%。冷涼地ならではの豊かな酸と爽やかな甘み。『ドメーヌ・タカヒコ』のピノ・ノワールは、イチゴやラズベリーなど、ベリー系の香りと豊かな酸。このクオリティの高さ。ヤマブドウからワインを造っていた時代とは、隔世の感ありやね。特に、余市・仁木地区ではワインツーリズムプロジェクトも進行していて、『ニキヒルズワイナリー』には宿泊施設やレストランもあるんや。一面に広がるブドウ畑を眺めながら飲むワインは、そらヨ（お）イチイで。

『ドメーヌ・タカヒコ』の「ナナツモリ ピノ・ノワール2013」。余市町登地区で栽培・収穫されたピノ・ノワール100%。酵母を添加しない自然発酵により醸造している。

『余市ワイン』の「ケルナーシュール・リー2014」。余市町産ケルナー100%。澱を自然に沈殿させ、上澄みだけをとるシュール・リー製法を採用。

『NIKI Hills ワイナリー』の「HATSUYUKI Estate2019」。同じく余市町産ケルナー100%。フルーティーな香りに、キリッとした酸味も感じられる。

LESSON 5

日本のワイン編 岩手・山形の巻

岡　岩手や山形など東北地方には、もともと野生ブドウがたくさん自生していたんやな。特に岩手では、明治以前から野山に自生するヤマブドウを甕で仕込んだ生ブドウ酒を飲む習慣があった。ポリフェノールも豊富で栄養もある飲み物として贈り物にもされてきたそうや。

——まさかの滋養強壮ドリンク？

岡　まぁそんな一面もあったんやろね。今日は、そのヤマブドウの交配種で造ったワインを持ってきたで。

——ヤマブドウ酒って、超酸っぱくて渋いアレですか？

岡　そんなんをボクが持ってくると思うか？ キミが言うように、昔は口がひん曲がるくらい渋くて酸っぱいのもあったけど、今やそれも過去のこと。まぁ飲んでみ。

ヤマブドウから欧州系品種まで

——（おそるおそる）あれ？ 酸味はあるけど美味しい！

岡　ブドウ育種研究家の澤登晴雄さんという方が作り出したヤマブドウ交配品種の一つ、ブラックペガールや。野性味もあるけど、酸もタンニンも柔らかやろ？

——ですね。バランスのいい日本のワインって感じです。

岡　これまではヤマブドウを生かしたワイン造りが岩手の特徴やったけれど、２０１１年の東日本大震災以降、特に沿岸部に新たなワイナリーがいくつも誕生し、ヨーロッパ系品種の栽培にチャレンジする動きも活発になってきているそうや。

——岩手ワイン、これから注目ですね！

岡　同じく東北エリアの山形県は、山梨、長野、北海道に次いで生産量第4位。

――サクランボやラ・フランスのイメージですけどね。

岡　そう。内陸部は果樹栽培に適した気候・風土で、桃やリンゴ、ブドウなどが古くから造られていたから、ワイン造りの歴史も古い。近年では、上山市（かみのやまワイン特区）と南陽市（ぶどうの里なんよう）が、ワイン用ブドウの栽培とワイン造りで頑張ってる地域やね。上山のシャルドネで造ったスパークリングは、洞爺湖サミットでも使われて注目を浴びたんや。

――もしやその手にお持ちのワインがサミットの泡？

岡　これは上山の南側、県南部に位置する高畠町のシャルドネや。お米やラ・フランスの産地としても知られる高畠町は、明治中期に始まったワイン造りの中心地で、かつては県営の畑があったところ。なんと明治時代にすでにジンファンデルやシャスラのテスト栽培をしていたという記録もある。そのぐらいブドウ栽培に適した場所ということやろね。1990年に設立された『高畠ワイナリー』では、シャルドネやピノ・ノワール、カベルネ・ソーヴィニヨンなどヨーロッパ系品種の栽培も盛ん。このスパークリング「嘉（よし）」も、仕上がりヨシ！やで。

『岩手くずまきワイン』の「澤登 ブラックペガール」。ヤマブドウの交配品種、ブラックペガールを主原料に醸造。野性味と気品ある爽やかな酸味が共存。

『高畠ワイナリー』の「嘉-yoshi-スパークリング シャルドネ」。柑橘系や白い花のような華やかな香り。すっきりした味わいの辛口スパークリング。

日本のワイン編
長野の巻

生産量国内2位！ワインバレー構想も

岡　2002年に全国に先駆けて「N.A.C.」なる原産地呼称管理制度を導入した長野県。日本ワインの生産量でも、山梨県に次いで2番目の注目すべきエリアや。

――長野のワインといえば、生食用品種のナイアガラとかコンコードですよね？

岡　キミの頭は相変わらず氷河期のまんまやな。もともと内陸県の長野は、沿岸部に比べて雨が少なく日照時間が長いブドウ造りに適したエリア。ただ、冬は雪が多く、水道管が凍るほど気温が下がるため、寒さに耐えられるドイツ系のケルナーなどを除いては、ヨーロッパ系品種が育ちにくかった。それが、近年の温暖化や造り手の努力で、この頃はメルロやシャルドネ、カベルネ・ソーヴィニヨンなどもええのができるようになったんや。今日は、千曲川ワインバレーの白と桔梗ヶ原ワインバレーの赤を用意してきたで。

――なんですか？　その、なんちゃらワインバレーっていうのは？

岡　知らんやろなぁキミは。2013年にスタートした

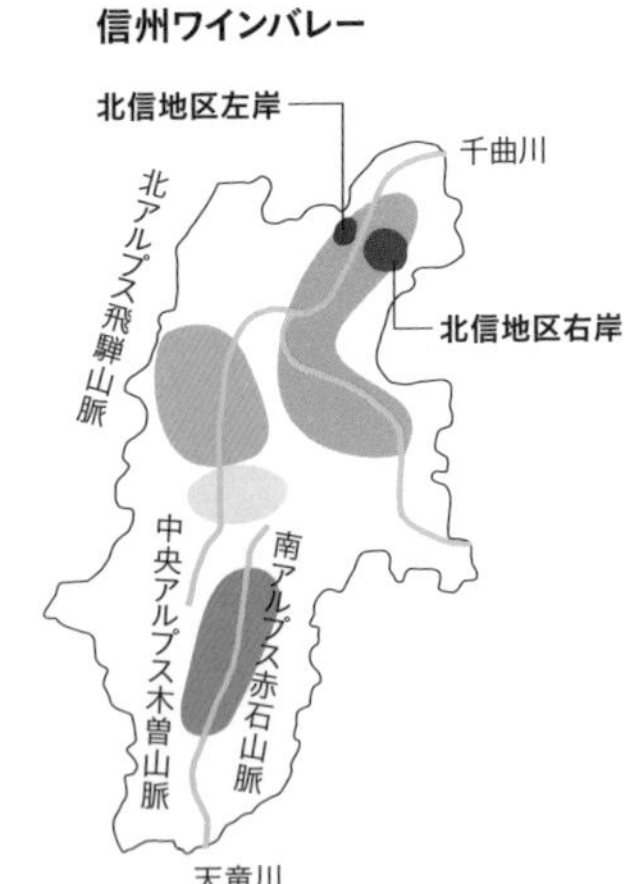

「信州ワインバレー構想」や。南北に長い長野県では、千曲川、桔梗ヶ原、日本アルプス、天竜川という4つのエリアに分けて、その土地に適したブドウの栽培やワイン造りを県ぐるみで応援しようという計画が進んでいるんや。その影響もあってか、ここ10数年の間に新しいワイナリーが20軒以上もできているというから、勢いがあるやろ。

——へぇ、じゃあゆくゆくは、カリフォルニアのナパ・ヴァレーやソノマ・ヴァレーみたいに、ワイン・ツーリズムも発展していくかもしれませんね。

岡 すでに着々と進行しているはずやで。さて、話はこれぐらいにして、テイスティングしてみよか。

——待ってました〜！

岡 人の話、ちゃんと聞いてたんかいな。まぁええわ。白は千曲川ワインバレーの「北信シャルドネ」。北信地区でも、砂礫質の右岸からはミネラル豊富な味わい、粘土質の左岸からは香り豊かで穏やかな酸味のシャルドネが生まれるそうや。

——右岸と左岸があるなんて、ボルドーみたいですね！

岡 そやな。赤は長野ワイン発祥の地、塩尻の「桔梗ヶ原メルロ」や。果実味があって、ちょっと土っぽい香りがするメルロらしい仕上がり。こんな風にクオリティの高いヨーロッパ系品種のワインが続々と誕生しているんや。

『五一わいん』の「桔梗ヶ原メルロ」。「寒冷地での栽培は難しいとされるメルロやけど、今や塩尻を中心とした桔梗ヶ原は『メルロの産地』として高い評価を得てるんや」。

「シャトー・メルシャン北信左岸シャルドネ リヴァリス」と「シャトー・メルシャン北信右岸シャルドネ リヴァリス」。「土壌に加え、標高の違いもある。こういう飲み比べも面白いね」。

日本のワイン編 山梨の巻

岡　「ワインを知るには、現場を知るべし」ということで、山梨『サントリー登美の丘ワイナリー』にお邪魔するで。この景色、ほんとに素晴らしいねぇ。

所長　ありがとうございます。八ヶ岳に南アルプス。天気のいい日には富士山の雄大な姿も見えます。

――それにしてもこの暑さ！ブドウ栽培には冷涼な気候がマストなのに、これってやっぱ温暖化の影響ですかねぇ。

岡　所変われどキミの知ったかぶりは相変わらずやねぇ。いいブドウ作りには、涼しいだけでなく、昼は暑いが夜は気温がぐっと下がるという寒暖差が大事やろ。

所長　今のような夏の時期の夜温は20℃くらいです。一番高い所で標高600mありますから、昼夜の気温差が10℃以上という日も多いんです。

岡　その差が、ブドウを鮮やかに色付かせ、糖度も高めるわけや。この切れ込みの深い葉、ここはメルロの畑？

所長　はい、今は摘房(てきぼう)の最中です。

岡　良い房だけを残して他は摘み取ってしまう。勿体ないけどいいブドウを育てるためには欠かせない工程やね。

――(摘み落とされた房を口に入れ)めっちゃ甘いっ！

岡　収穫期の甘さはそんなもんやないで。糖度20度くら

国産ワイン＝日本のブドウ？

いないとワインにはならへんのやから。生食用とは比べものにならんくらい甘くて、触れば蜜みたいにネバネバや。あ、なんやキミ、皮やら種を出して行儀が悪いな。

——だって種ですよ?

所長　皮の硬さや種の味も、収穫時期を決める大切な要素。だから収穫時期が近づき、ブドウが熟してくると我々は皮や種ごと味わいます。熟したブドウの種はアーモンドのように香ばしいんですよ。

岡　この季節、ブドウはまだ青くて小さな硬い粒やけど、生い茂った葉でいろんな品種が植えられているのがわかるね。濃い緑色のメルロに比べてシャルドネの葉は色も淡めで切れ込みもない。甲州はやや長い形。ところで今、この地域ではどんな品種が栽培されていると思う?

——まずは山梨を代表する甲州、日本固有種のマスカット・ベーリーA、それから…(沈黙)。

岡　欧州系のシャルドネ、カベルネ・ソーヴィニヨンやカベルネ・フランなど、まだまだあるで。

所長　ここ登美の丘ワイナリーだけでも、赤と白を合わせて11種を栽培しています。

——「国産ワイン」はいろんな品種で醸されてるんですね。

岡　チョイチョイ、その呼び方なぁ。2018年に法律が施行され、国内で栽培したブドウだけで造ったものを「日本ワイン」、主に海外の原料を使って日本国内で造ったものを「国産ワイン」と呼び区別されてるんやで。

様々な栽培方法がある甲州の“棚”

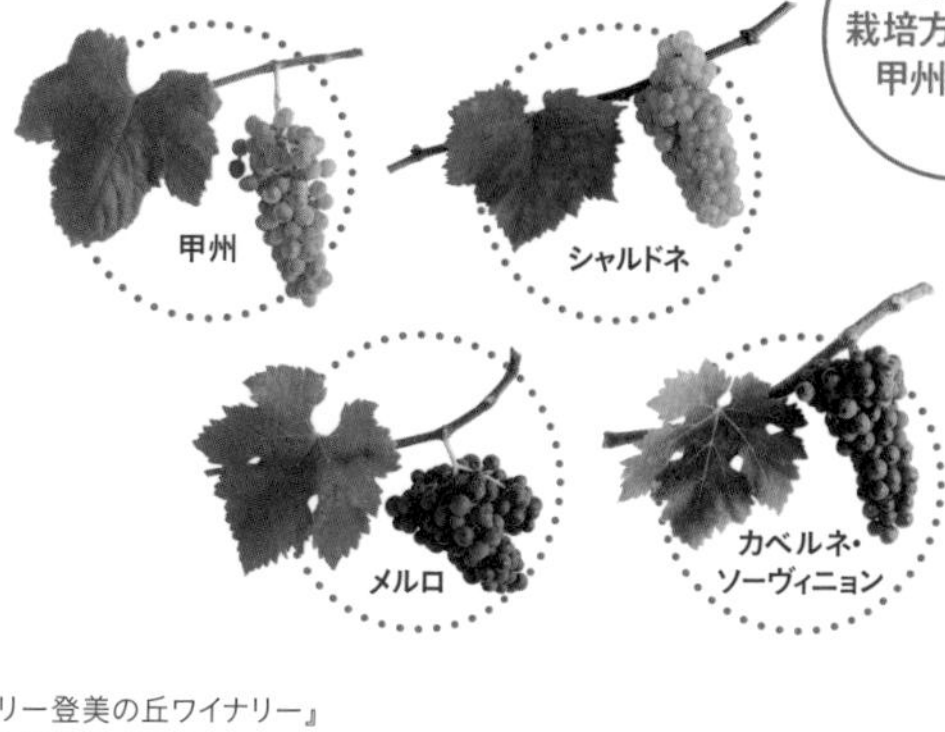

甲州　シャルドネ　メルロ　カベルネ・ソーヴィニヨン

撮影協力、風景・ブドウ写真提供／『サントリー登美の丘ワイナリー』
山梨県甲斐市大垈2786 ☎0551・28・7311(P128〜131)

さて続いては、ワイン造りの現場を見せていただこか。さっき見せてもらった最新の醸造棟でジュースになったブドウは、発酵という過程を経て樽やタンクで熟成させる。発酵を終えたワインが眠るんがココ、樽熟庫や。

——うわぁ涼しい！　ワインセラーの香りがしますねぇ！

岡　シィーッ！　大きな声出しぃな。ワインが起きるがな。

所長　この樽熟庫は山の斜面をくりぬいて造ったもの。庫内温度は真夏でも16℃前後。樽はフレンチオークです。

岡　安定した温度の中でゆっくりまどろみながら、柔らかくて繊細な味わいになっていくんやねぇ。

所長　さきほど見ていただいた甲州種のブドウは、9〜10月にかけて収穫し、その後熟成させます。

——収穫って、まだ暑い時期から始まるものだと思ってました。

甲州の味わいは甘い？酸っぱい？

岡　またまたキミ、〃知ったか〃全開やな。

所長　この土地だからできることなんですが、栽培方法や樹の個性を最大限引き出すタイミングで収穫しているんです。

——早摘みもあれば、遅摘みもあるってことですね。ちなみに遅摘みにはどんなメリットが？

岡　完熟させて、果実本来の香りや旨みや甘みを引き出すということやね。

さて、甲州の製法を学ぶで。

所長　搾った果汁は澱引きしない製法で造ります。ただ、同じ甲州でも造り方などによって味わいはいろいろ。ぜひ、飲み比べてみてください。

――（テイスティング用のワインを口にして）…このコク、甲州とは思えないですね。

岡　澱を引かずに熟成させてることも関係してるんやろね。

――それって、〝シュール・リー〟製法ってやつですか？

岡　おっ、ご名答。シュール・リーというのは、フランスのロワール地方などで行われる醸造法のひとつ。澱を引かずにそのまま熟成させることで、アミノ酸などの旨み成分が出るから、仕上がりにコクや深みを感じるんやな。

所長　同じ山梨県産甲州種ですが、樽ではなく、ステンレスタンクで熟成させたものもあります。

岡　スッキリ爽やかな仕上がりを目指してはるいうことやね。こっちの「ジャパンプレミアム甲州２０１２」は透明感のある色、清涼感もあってエエねぇ。香りはまさに果物。ブドウがピチピチ弾けるようや。

所長　こちらは樽発酵・樽熟成の「登美の丘甲州２０１１」です。

岡　熟成の進んだ黄味がかった色、果物の香りだけでなく、樽の持つ木のような香りやバニラのようなニュアンスの甘みも感じるね。味わいは存在感があって、余韻も長い。

――それにしても酸がこんなにきれいだとは…。どっちも山梨県で穫れた甲州種のブドウなのに、製法や熟成でここまで味が変わるものなんですねぇ！

上記商品は取材時（2013年7月）のものです。

日本のワイン編
新潟の巻

日本ワインの父 川上善兵衛の故郷

――新潟というと米どころ。ワインより日本酒のイメージが強いんですけど…。

岡　ナニをゆうてるんや、キミの頭はスカスカのすのこかいな。新潟といえば、川上善兵衛さんが拓いた『岩の原葡萄園』があるところやんか。

――あ、日本のワインの父！

岡　そうや。それを忘れるとは何事や。

――す、すみましぇーん(汗)。

岡　ワインの生産量では、山形、岩手に続く第6位。とはいえ、今から130年以上も前の明治23年、新潟県上越市で生まれた川上善兵衛さんが、自宅の庭にブドウ畑を作ったところから日本のワイン用ブドウの歴史が始まったともいえるんや。

――自家畑産ブドウでワインを造る、ドメーヌ型ワイナリーの先駆だったんですね。

岡　まさに。決してブドウ栽培に適しているとはいえない豪雪地帯・新潟で、なんとか日本の気候風土に適したブドウを生み出そうと私財を投げ打って研究を重ね、22品種ものブドウを世に送り出した。その代表選手といえば、ブラック・クイーンと？

――マスカット・ベーリーA！

岡　その通り。これ知らんかったら退学やけどな。

――(ほっ、セーフ…)。

岡　昭和2年に、ベーリーとマスカット・ハンブルグを交雑して作られたマスカット・ベーリーAは、今や日本で最も多く仕込まれている赤ワイン用のブドウなんや。2013年には甲州に続いてO.I.V.（国際ぶどう・ぶどう酒機構）に認められた。つまり品種名をボトルに記載してEUへも輸出できるっちゅうことや。

——誇らしいですね！

岡　今日持ってきたのは、善兵衛さんが創業した『岩の原葡萄園』の「深雪花（みゆきばな）」。マスカット・ベーリーAらしい、キャンディのような甘い香りと豊かな果実味。ブドウの個性がしっかりと感じられる、バランスのとれたワインやね。

『岩の原葡萄園』の「深雪花 赤」。同ワイナリー原産の国産赤ワイン用品種、マスカット・ベーリーA 100%。完熟ブドウを使った濃縮感のある果実味とふくらみのあるまろやかな味わい。樽熟成由来のほのかなロースト香も感じるやわらかな口当たり。

——2019年に開かれた大阪サミット、G20のランチにも使われたそうです。うん、美味しい♪

岡　いつの間にググッたんや…。そういう能書きにはほんまに弱いねんなぁ。それに加えて新潟の新しい動きといえば、これまであった南魚沼市や胎内市に加えて、日本海に面した新潟砂丘の一画、角田浜（かくだ）と越前浜に小規模なブドウ園がいくつも開かれ、ドメーヌ型ワイナリーが集積するエリアができたこと。ここには垣根式の畑もあるそうや。

——ということは、ヨーロッパ系品種の栽培を？

岡　当然そういうことやろね。耐病性が高いといわれるアルバリーニョなどの栽培にも力を入れていると聞く。新潟県の海岸沿いエリアいうことで、生産者たちはここを「新潟ワインコースト」と称しているそうや。

——おお、日本のカリフォルニアみたい！

岡　日本のワイン用ブドウ発祥の地ともいえる新潟やから、これからの若手生産者の活躍にも期待したいところやね。

日本のワイン編 関西の巻

温暖化に強い品種の開発も絶賛推進中！

岡　今回はゲストに関西ワイナリー協会の会長、高井利洋さんをお招きしたで。

高井（以下、高）　どうもどうも。実は2019年に、北陸や中国・四国、九州まで66社が加盟する「西日本ワイナリー協会」いうのも作りまして、切磋琢磨しとります。

岡　相変わらずパワフルでんなぁ、高井さんは。

高　日本には約330社のワイナリーがあるといわれますが、そのほとんどが東日本。近年、新規参入が相次いでいるのも北海道や長野などの高冷地が中心です。もちろん、関西でも都市型ワイナリーの設立を始め、伊丹には世界初の空港内ワイナリーが登場。和歌山や三重、滋賀、奈良でも新たなワイナリーが始動しています。けれど、いかんせんワイン造りは天候に左右されるもの。

――ふむふむ。ヨーロッパ系品種はどうしたって冷涼な気候を好みますからね。平均気温の高い関西ではブドウを育てるのが難しくなってきたってことですね。

岡　チョイチョイ、知ったようなことを言うけど、そんな単純な問題やないねん。まぁ高井さんの話を聞きぃな。

高　近頃では、亜熱帯のような気候に近づいてきた関西

関西ワイナリー協会会長
高井利洋さん
『カタシモワイナリー』(P136)の三代目社長であり、大阪ワイナリー協会及び西日本ワイナリー協会の会長も兼務する重鎮。

や西日本。品質の高いヨーロッパ系ブドウを栽培するための研究にも力を入れていますが、先進国に負けないワインを造ろうと思ったら、日本にしかない、日本らしいワインを造らなければいけない。そのために、関西だけでなく西日本が一丸となって、温暖化に強い独自のブドウ品種の開発や栽培・醸造技術の研究を進めていこうとしているんです。

岡　関西に高井さんのような志の高い生産者がいてくれるのは頼もしいねぇ。甲州やマスカット・ベーリーAと並ぶような日本固有の国際品種、しかも温暖化に適応するブドウの開発も夢じゃないということやね。そういえば、羽曳野にある研究機関『ぶどう・ワインラボ』で、温暖化に負けへん新しい品種が見つかったんやて？

――あ、そのニュース知ってます。確かR-1…。

高　それは乳酸菌。「大阪RN-1」は、果肉まで赤いポリフェノール豊富なブドウで、どっしりとしたフルボディのワインになります。これは品種登録をして、近々リリースされる予定。これから、まだまだ楽しみなニュースが目白押しですよ！

岡　日本でも有数の長いワイン造りの歴史を持つ関西を、これからも頑張って盛り上げてや！　よっしゃ、ほなら次は、柏原市にある高井さんのワイナリーへお邪魔して、大阪ワインの今を教えてもらおうか。

――ヤッタ！　じゃ、ワイナリーで試飲ですね。

岡　試飲の前に、まずはビシッと勉強やで！

『琵琶湖ワイナリー』の「浅柄野」、『カタシモワインフード』の「たこシャン」、『飛鳥ワイン』の「甲州シュール・リー」など関西ワイナリー協会加盟各社のワインから。

LESSON 5

日本のワイン編
大阪の巻

大阪ワインの中心地 河内のワイナリーにて

岡　大阪のワイン産地といえば〝ナニワのドメーヌ〟が集まる柏原市や羽曳野市などの河内エリア。今日は引き続き高井さんにお付き合いいただいて、社長をしてはる『カタシモワイナリー』にお邪魔させてもらうで。

——それにしても難波から30分足らずでこの景色！

岡　ここは、高井さんのおじいちゃんが明治初期に拓いたブドウ畑。100年以上もワイン造りを手掛けてはる西日本最古のワイナリーや。キミらは知らんやろけど、大阪のこの一帯は、かつて日本一のブドウ生産量を誇っていたんやで。

——へぇ、日本一ですか⁉

高　日当たりもよく、降水量も少ない。この水はけのよい土壌のおかげで、昭和の初めまでは河内平野一帯に約1000ha、見渡す限りのブドウ畑が広がっていました。だから現在もこの周辺にワイナリーが多いんです。では畑へどうぞ！

——うわぁ急な坂道…。ほとんど山登りですねぇ。

岡　南向きのこの急斜面が甘いブドウを育むんや。

南向きの急斜面は水はけも日当たりも◎!

高　栽培しているのはデラウェアや巨峰、シャルドネなど約40種。ここはマスカット・ベーリーAの畑です。
——向こうのブドウ狩りの畑に比べると、房が小ぶりで粒も小さいんですね。
高　小粒に育てることで、酸が残り糖度も上がるんです。
——こっちのまばらな実の房は、できそこない？
岡　失礼な！　それは「堅下本ブドウ」。甲州のことや。
——これが甲州？　山梨で見たのより随分小さいですね。
高　同じ甲州種でも山梨のとはＤＮＡが違うんです。粒は小さくても、迫力ある味わいになるんですよ。
岡　ところで高井さん、このあたりの土壌は何なの？
高　場所によって砂地や石英質、粘土質など様々です。
岡　日本はヨーロッパと違って地震が多い国やから、様々な地層が入り混じってるのかもしらんね。

明治11年頃、東京の新宿御苑からきた苗木のDNAを受け継ぐ、堅下本ブドウ（甲州ブドウ）。

左／デラウェアのスパークリングワイン「宮ノ下畑」。瓶内二次発酵によるクリアでシャープな味わい。2019年大阪サミットG20の晩餐会のワインにも選ばれた。中／減農薬栽培の堅下本ブドウを使用した「堅下甲州 芹田畑」。リンゴや洋梨の香りとキレイなミネラル。右／マスカット・ベーリーAの「利果園」。華やかな香りとチャーミングな酸味。※いずれも限定品。

高　はい、だからいろんなブドウが育ち、味わいの多彩なワインができるんです。
岡　その中でも、大阪を代表する品種といえば、デラウェア。全国で3番目の生産量を誇っているんや。
高　そうなんです。しかも大阪は、日本で一番早く収穫でき、糖度も高い。今日に至るまで様々な研究を重ねてきて、間もなくデラウェアの進化系ワインが誕生する予定です。
——今後がますます楽しみですね！

撮影協力／『カタシモワインフード株式会社』
大阪府柏原市大平寺2-9-14 ☎072・971・6334

日本のワイン編

九州の巻

岡　さて、北海道から南下していよいよ九州まで来たで。

――九州というと焼酎のイメージですが…。

岡　確かに焼酎も美味しいけど、大分、宮崎、熊本などにワイナリーがあって、ええワインも生まれてるんや。大分から送ってもらったこの安心院（あじむ）ワイン、実は母体は麦焼酎「いいちこ」で有名な酒造メーカー。50年前にワイン事業に参入して、2001年に山に囲まれた小さな盆地、安心院町に工房を新設。今や自社畑で育てたブドウでワインを造ってはるんやて。早速飲んでみよか。

――わぁー、いい香り！

岡　ブドウはアルバリーニョ。ポルトガルの北の方で造られるヴィーニョ・ヴェルデと同じやな。桃のような甘い香りと爽やかな酸。盆地ならではの寒暖差が糖分の豊富なブドウを育てるんやろね。『安心院葡萄酒工房』では大分県と協働で気候風土に合ったブドウの育種も進めているそうや。

個性豊かなワインが続々！

――九州でも、こんな爽やかなワインができるんですね。

岡　ワイン造りに携わる人たちのブドウに対する意識も高いし、どんどん進化しているんや。お次は熊本の白。熊本県ではシャルドネやメルロ、マスカット・ベーリーAなど様々なブドウが栽培されている。ほぉ、これはシャルドネのナイトハーヴェストなんや。

――何ですか、そのなんやらハーヴェストって？

岡　夜摘み、つまり深夜にブドウを収穫すること。カナダのアイスワインなどでも用いる手法で、日の出前に摘むことで、果実に蓄えられた糖分や香りが保たれ、日差しにさらされることがない分、ブドウの傷みも少ないんや。

――なるほど！覚えておきます（メモメモ）。

岡 バニラのような香り、樽香が豊かで厚みのある味わいやねぇ。品種のところでも言うたけど、シャルドネは環境への順応性が高く、樽の影響も受けやすい。その特徴をうまく生かして仕上げられたええワインやね。

――宮崎の赤は、ベリー系の〝ジャミー〟な香り…。

岡 はいはい、熟れた果実のようやと言いたいわけね。日照時間の長い宮崎県は、糖度の高いブドウを育てることはできるけれど、雨量が多く台風の被害も受けやすい。そんな過酷な自然条件と闘いながらもええワインを造るために様々な工夫や努力をしてはんねん。このビジュノワール＝黒い宝石というブドウは、山梨県で開発された新しい品種で、他の黒ブドウに比べ熟すのが早いため、台風シーズンの前に収穫することができるんやて。まさに九州の気候に適したブドウやね。ワイン造りは厳しい自然との闘いやけど、九州だけに高い技術や知識をどんどん〝吸収〟して、ええワインを造り続けてほしいね。

宮崎『都農ワイン』の「プライベートリザーブ ビジュノワール」。甲州三尺×メルロにマルベックを掛け合わせた品種。プラムやベリー、ジャムのような凝縮した果実味。タンニンが豊富で力強い味わい。

「菊鹿 ナイトハーベスト小伏野 2017」。熊本県山鹿市（旧菊鹿市）、小伏野地区の畑の厳選されたシャルドネを樽発酵樽熟成で醸造。華やかなアロマとバランス良い厚みと奥行き、樽の香り豊かな味わい。

「安心院ワイン アルバリーニョ 2019」。霧の盆地といわれる大分県宇佐市安心院の『あじむの丘農園』で育てられたアルバリーニョ。アプリコットやピーチのような香り、豊かな酸味の辛口白ワイン。

LESSON 6

気になるワイン編

LESSON 6

気になるワイン編

オレンジワインの巻

――巷で流行りのオレンジワインを持ってきました！

岡　もはや流行りともいわれへんぐらい親しまれてるけど、まあええわ。で、キミまさかオレンジワインて、オレンジから造ったワインやと思ってるんちゃうやろな？

――ま、まさか！　ブドウで造ってることぐらい知ってますよ。

岡　ほぉ、ほならなんでこんな色なんや？

――そ、それは…赤ワイン用の黒いブドウも入っているからじゃない？　ですか…。

岡　出たな知ったか。これは、白ワイン用のブドウを使って赤ワインと同じ製法で造ったものだからや。

――えっ、じゃあ白ワインの一種ってことですか？

オレンジ色はどこからやってくる？

岡　その通り。そもそも歴史をさかのぼれば、かつては白ワインも赤ワインと同じように緑や黄色い皮のブドウを果皮や種、柄ごと浸け込む製法、つまり…

――「スキンコンタクト」して造っていたわけですね！

岡　そういう言葉だけよう知ってるんやな。その通り。それをより美味しく、クリアな味にするため果汁を搾って発酵させ、瓶内でゆっくり熟成させるという方法にだんだん進化していったんや。

――なるほど！

岡　この紅茶やウーロン茶を思わせる発酵した茶葉のような香りやタンニンのしっかりした味わいは、柄の部分や皮の成分に由来する。もともとは、ワイン発祥の地といわれるジョージア（グルジア）の伝統的な製法で、クヴェヴリと呼ばれる素焼きの壺を土中に埋めて造られてきたものなんや。

——このオレンジワイン。イタリアやフランス、日本でも造られているって聞きましたけど。

岡　キミも知っているように最近は、低農薬でブドウを栽培したり、酸化防止剤をできるだけ使わないナチュラルなワインが多く造られているやろ。そういういわゆる自然派の造り手たちが、原点回帰とでもいうのか、ジョージアのワイン造りにヒントを得て、こういうスタイルでワイン造りを始めたわけや。

——それで、この色からオレンジワインと呼ばれるようになったわけですね。

岡　ま、そういうことやね。ちなみに、フランスのジュラ地方には、この地方の固有種・サヴァニャン種を使って独特の製法で造られる「ヴァン・ジョーヌ」＝黄色いワイン、ドイツとの国境に面したアルザス・ロレーヌ地方などには「ヴァン・グリ」＝灰色のワインなんてのもある。どれもその地方のブドウと醸造方法で造られる地酒みたいなものやね。

ジョージアの固有品種、ルカツィテリ種100％。色は夕陽のような鮮やかなオレンジ色で、クヴェヴリを用いた伝統製法で醸造されたワイン特有の、素朴ながら深く複雑な味わい。名前は「ルカ（茎）」「ツィテリ（赤い）」に由来。

「近頃は、ステンレスタンクで造ったものや、フィルターをかけないものなど、いろんなタイプのオレンジワインが各国で造られてるようやね」。左はピノ・グリージョ、右はマンゾーニ・ビアンコ。共にイタリア産。

LESSON 6

ロゼワインの巻

気になるワイン編

ビギナー向けの甘いワイン？

——塾長に言われた2種のロゼ、買ってきましたよ。ロゼは総じて「甘み」があるってイメージですけど…。

岡　キミの頭は相変わらずカチンコチンの化石みたいやなぁ。アンジュ地方の「ロゼ・ダンジュ」とコート・デュ・ローヌの「タヴェル」。どちらもフランスを代表するロゼワインや。つべこべ言わんと、まぁ飲んでみ。

——全然甘くないですね…。

岡　「ロゼ・ダンジュ」は甘口やけど、「タヴェル」はタンニンもあってドライやろ。キミはどうやらロゼワインの勉強はしてないみたいやな。この「タヴェル」のように赤ワインに近い辛口もあれば、白ワインみたいな柑橘系のすっきりした味わいのもあって、バリエーションは幅広いんや。

——同じロゼでもこの2本、色も味わいも全然違うんですね。

岡　そらそうや。ロゼの製法には大きく分けて2つある。黒ブドウを赤ワインと同じように発酵させて、適度に色づいた時点で果汁のみを取り出し発酵させるセニエ法(マセレーション法)と、黒ブドウを圧搾して、白ワインのように果汁のみを発酵させる直接圧搾法。この造り方の

「ボクがソムリエになった年に創刊された『季刊フランス料理』。〝ロゼ・ワインの復権〟というコラムを読み、その奥深さに魅せられたんや」。

違いやブドウの違いなどによって、様々なロゼができるわけや。

――「タヴェル」はセニエ法だから、タンニンを感じるわけですね。でもなんで今、ロゼが人気なんですかねぇ？

岡　これはボクの見解やけど、かつてはキミが思うように甘くて飲みよい、ビギナー向けの安価なものが多かった。それが、世界のワイン人口が増えたことで、ロゼのクオリティも向上し、加えてチャーミングな色が〝映え（ば）る〟いうて、人気に拍車がかかっているんかも知らんね。

――それと、もう何年も前のことですが、シャンパーニュの『モエ・エ・シャンドン』のロゼ、通称「シャンドンロゼ」がブームになったことがありましたっけ。

岡　それも火をつけた要因のひとつやろね。なんせロゼは、食前にも食中にもイケるし、いろんな料理に合わせやすい。オールラウンドで奥深いんや。例えばレストランで、キミやったら、なんとかの一つ覚えみたいに泡を頼むやろ。そうじゃなく、まずはロゼのハーフボトルを頼んで、前菜をいただきながら料理を選ぶとか。

――最初にロゼっていいですね。

岡　あとは赤ではちょっと重たいな、という暑い日やピクニックなどのオープンエアなシーンにもぴったり。お花見のシーズンなら、桜を愛でつつ桜色のロゼで乾杯なんてのもシャレてていいね。

左／淡いピンク色の「ロゼ・ダンジュ」は、グロローというブドウが主体。直接圧搾法で生産される。桃やアプリコットの香り、甘口でソフトな口当たり。アルコール度数は11％と低め。
右／「タヴェル」は、グルナッシュを中心に、セニエ法で造られる。イチゴなどフレッシュな果実の香りで、官能的な濃い赤色とドライな味が特徴。アルコール度数は14％。

LESSON 6

気になるワイン編

ノンアルコールワインの巻

ノンアル＝ブドウジュース？

岡　この頃は、レストランでもノンアルコールワインを見かけることが多くなったねぇ。

――ワインっていっても、要はブドウジュースでしょ？

岡　ノンノンノン！　ただブドウを搾っただけとはちゃうで。

――でもお子ちゃま向けの甘い炭酸系ばっかりですよね。

岡　ほぉ。そない思うなら、まぁコレでも飲んでみ。

――……ほんのり甘いけれど、紅茶のような香りで、味わいもエレガント！

岡　このフランス生まれの「１６８８グラン・ロゼ」は、２０１１年に行われたフランス外務大臣主催の晩餐会で話題になり、それ以降国際的なセレモニーや飛行機のファーストクラスでも振る舞われているノンアルコールのスパークリングワインや。

――確かに、高貴な感じです。

岡　これは発酵させずに炭酸を添加する製法で造られたものやけど、近頃は「脱アルコール法」いうて、ブドウを発酵させて一旦ちゃんとしたワインを造って、そこからアルコールだけを抜くやり方が主流。脱アルコール法の中にもいろいろな造り方があって、主なものは、ワインの味や香りが損なわれないよう減圧して低い温度で蒸発させる「減圧蒸溜法」、それから浸透圧を利用する「逆浸透圧法」、さらに遠心力でアルコール分を取り除く「揮発性物質回収法」など。

――ひ〜っ、苦手だった化学の授業を思い出します。

岡　まぁ深く理解せんでも、知識として覚えておいたらええねん。こうした進歩した技術のおかげで、炭酸系だけでなく、ブドウを原料に造ったワイン由来の深い果実味や華やかな香りをそのまま保った赤ワインや辛口系の白ワインなど、ワインと遜色のないノンアルコールがたくさん登場しているんや。

――じゃあ、ミネラル感のある白やタンニンしっかりの赤なんてのもあるんですか？

岡　ウィ、その通り。そやから甘いジュースとは違って料理とのマリアージュも楽しめるんや。例えば白ならお寿司、赤ならローストビーフ。アルコール分がないだけに、さすがに舌を洗い流すような力強さはないけれど、充分満足できる。そればかりか、低カロリーでポリフェノールを含むヘルシーなドリンクともいえるんや。

――なるほど。妊婦さんや車に乗る人、休肝日にもいいかも！

岡　最近は、お祝いの席だけやなく、ビジネスシーンでもワインを飲む機会が多くなったからね。体質的に飲めない人やドライバーさんも、これがあれば肩身の狭い思いをせずに場に溶け込める。これからますます需要が伸びるんとちゃうかな。

「1688グラン・ロゼ」。名前は、レシピを考案した司教が亡くなった年に由来しているとか。「1688年といえば、まだシャンパーニュも完成されていない頃。そんな時代にブドウを何種もブレンドした、こんなエレガントな飲み物があったとは、驚きやね」。

LESSON 6

気になるワイン編

ドラフトワインの巻

〝ドラフト〟はビールの専売特許？

岡　さて、今回は課外授業やで。

――〝ドラフト〟って聞きましたけど、今日はビール？

岡　ち・が・い・ま・す！

――あ、じゃあ野球のほう？

岡　……（無視）。さ、着いたで！ここが、我が「リーガロイヤルホテル」でいつもお世話になっている『ドラフトワイン・システム』さんのテイスティング・ルームを備えた直売所や。

――ん？ドラフトビールは生ビールだから、ドラフトワインというのは、つまり〝生ワイン〟ですか？

岡　そういうこと。巷で生ワインと呼ばれているものはいろいろあるけれど、要は瓶詰め前のワインのこと。普通はワイナリーなどでしか飲めないけれど、ここにはイタリアとフランスの醸造所から、ステンレス製の樽に詰めたものが直接届くんや。

――樽に入っているだけで、中身は瓶と一緒？

岡　ブッブー！ワインは醸造酒やから、基本はもちろん〝生〟。そやけど、普段キミが飲んでいるようなボトルワインは、輸送中に味が変化しないように加熱殺菌されていることが多い。ここの「樽生ワイン®」は、光も空気も通さない専用の樽に窒素置換し

て詰められているから、加熱も殺菌もしてない。つまり造りたてのフレッシュな状態のワインちゅうことやな。

――ビールでいえば、工場直送の生ビールってこと？

岡 どないしてもビールに喩えたいわけやね。まぁそう理解してくれて間違いやないけどな。例えば、シャルドネやソーヴィニヨン・ブランはより爽やかに。カベルネ・ソーヴィニヨンやメルロは渋みや酸味が柔らかに。ボクがこの生ワインに出合って、館内のコーヒーハウスに導入したのは、かれこれ15年以上も前のこと。当時は珍しかったけれど、居酒屋やファミリーレストランでもワインを飲むようになったこの頃では、あちこちで見かけるようになったねぇ。

――生ビールの感覚で、樽からグラスに注げるなんてお手軽～！

岡 ディペンサーのタップを傾けるだけやから誰でも簡単にサーブできるし温度管理もラク。酸化もしにくく、機密性も高いからスパークリングの炭酸かて抜けにくい。まさにええことずくめ。

――瓶がいらないのもエコ。環境にも優しいわけですね。

岡 ワインの醸造も手掛ける大阪の『島之内フジマル醸造所』でも、ゴミを出さない「生樽ワイン」が注目を集めているとか。こちらの直売所同様ワインの量り売りもあって、家でもフレッシュな味わいが楽しめるんや。

試飲コーナーでは、イタリアとフランスから直送の12種が試飲可能。持ち帰り用ペットボトルの賞味期限は瓶詰め日から7日間。

撮影協力／『ドラフトワイン・システム』
神戸市西区見津が丘1-15 ☎078・995・0870
※樽生ワイン、樽生スパークリング・ワインは（株）ドラフトワイン・システムの登録商標。

気になるワイン編
ヌーヴォーの巻

岡　さて問題。ボージョレ・ヌーヴォーの解禁日といえばいつ？

――そんなビギナー扱い…やめてくださいヨォ。11月の第3木曜日に決まってるじゃないですか。

岡　では、それはナゼでしょうか？

――な、ナゼ？えーと、法律で決められているから…。

岡　そんなことも知らんと、ボーッとワイン飲んでんじゃないよッ！かつて、解禁日は11月15日と決められていた。ところが、たまたまその日が週末に重なると高速道路が渋滞して配送が遅れたりして、混乱を招くことが度々あった。そこで1985年に、ウィークディの第3木曜日と定められたんや。

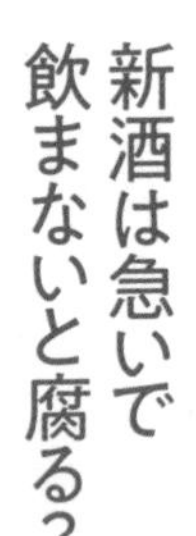

チリは6月、ニュージーランドは7月、日本は9月などと解禁日はエリアによって様々。左より、「シレーニ・ヌーヴォー・ピノ・ノワール」。ニュージーランドの北島、ホークスベイのピノ・ノワール100％。イチゴやブラックチェリーのアロマ。／「イスラ デ マイポ ソーヴィニヨン・ブラン2018」。チリ・マイポヴァレーのソーヴィニヨン・ブラン ヌーヴォー。スッキリ爽やかな味わい。／「実りの収穫 2018 白（甘口）」。山梨県産デラウェア。フレッシュでフルーティーな香りと味わいは、まさに摘みたてのデラウェアそのまま。

——混乱を招くって…確かに人気ですけど。

岡　日本がボージョレ・ヌーヴォーブームに沸いたのは、1980年代終盤のバブル全盛期のこと。〝初物好き〟の国民性からか、今もボージョレ・ヌーヴォーの消費量は世界ナンバーワンといわれている。

——しかし、何で解禁日なんてのがあるんですか？

岡　お、ええ質問や。もとは、その年にできたブドウのできばえをチェックしたり、新酒を飲んで収穫を祝う地域の風習から始まったものやった。それが人気の高まりにつれ、我先にと出荷して、早かろう悪かろうの粗悪品が出回るようになったんや。それを防ぐために解禁日が決められたというわけ。

——ヌーヴォーはフレッシュさが命だから、早く届けたいと焦る気持ちもわかりますけどね。

岡　キミ、まさか〝新酒は早く飲まないと腐る〟いう噂を信じてるクチちゃうやろね。

——え、違うんですか？

岡　んなわけあるかい！まぁ確かに、ヌーヴォーは、一般的なワインの醸造法とは違い、炭酸ガス浸漬法という早期熟成を促す方法で、仕込みから2カ月ほどで出荷される。せやから、フレッシュさが持ち味ではあるけれど、すぐ飲まないと腐るなんてのは都市伝説。むしろ、半年ぐらい休ませたほうが味も落ち着いて、美味しくなるものも多いんや。

——ですよねー。赤ワインだから、ちょっと熟成させたぐらいがイケるかなぁなんて思ってました。

岡　ほぉ、イッチョマエなことを。しかしキミ、ヌーヴォーは「11月解禁の赤」だけちゃうで。フランスだけでもエリアによって違うし、当然、白もロゼもある。国によって時期も様々で、地球の裏側のチリやニュージーランドの新酒は、5月から7月に出荷される。今や、日本人の好きな〝新酒〟は、ほぼ、オールシーズン飲めるいうわけや。

LESSON 6

気になるワイン編 泡いろいろの巻

岡　ちょっと前にはイタリアの「フランチャコルタ」や「ランブルスコ」。近頃はフランスの「ペティアン」など、巻は泡ばやり。今日は、辛口とやや甘口の2本を持ってきたで。

——ヒャッホー！　ありがとうございます！

岡　その前に一つ問題。シャンパントーストって知ってるか？　バター塗って食べるやつとちゃうで。

——知ってますよ！　シャンパンで乾杯することでしょ？

岡　ピンポン！　では、トースト〜！

——う〜ん、この豊醇な香り。キリッとしたドライで高貴な味わい。さすが永遠の憧れ、シャンパーニュ♪

岡　ん？「シャンパントーストを知ってるか」と聞いただけで、今、キミが飲んでるのは残念ながらシャンパーニュとちゃうで。まぁ造ってるエリアも近いし、遜色ない味わいやから、勘違いするのも無理はないけどな。

シャンパーニュだけじゃない泡の世界

——シャンパーニュとエリアが近い銘醸地ってことは…もしやブルゴーニュ産とか？

岡　おっ、やるやんか。これは、ブルゴーニュで造られたスパークリング「クレマン・ド・ブルゴーニュ」というやつや。知ったかレベルもここまで来たとは、オメデタイねぇ。シャンパーニュにぴったりや。

——なぜシャンパーニュはお祝いの席に欠かせないワインになったんですか？

岡　もともとフランス国王の戴冠式などで振る舞われて

いたのが始まりやないかなぁ。それが結婚式や進水式など新たな門出を祝うセレモニーに使われ、祝いのお酒といえばシャンパーニュになった。詳しくは知らんけど。

——な、なるほど。

岡　近頃は、イタリアの「フリッザンテ」やフランスの「ペティアン」、日本酒のスパークリングなど、微発泡のお酒がトレンドのようやね。悪くはないけど、ボクはもっとシュワッとするのがええなぁ。あの絶え間なく湧き上がる泡こそ、末長い幸せの象徴ともいわれてるからね。

——でも、シャンパーニュはお高いから〜。

読者の皆様の
健康と
ご多幸を祝して、
トースト!

岡　そういうキミにお薦めなのが、今飲んでるクレマンや。クレマン・ド・ブルゴーニュやクレマン・ダルザスなどは、シャンパーニュと同じトラディショナル方式で造られているから、クオリティはシャンパーニュに匹敵するほど。そやけど価格は半額なんてのもザラ。ボクはこういうお値打ちなの、大好きや。

——では、塾長のお誕生日にはクレマンを贈りますね！

岡　いやいや。まぁそう言わんと、せっかくのバースデープレゼントなら、クレマンと言わずシャンパーニュをクレマセン？

左は「ピエール・ポネル ブリュット」で、辛口のクレマン・ド・ブルゴーニュ。ブルゴーニュの畑で栽培されたブドウを原料にトラディショナル方式で醸されるクレマン。上質な泡とすっきりした辛口の味わい。右は「ランソン アイボリーラベル・ドゥミ・セック」で、やや甘口のシャンパーニュ。熟した果実やシナモン、ハチミツのような甘やかなアロマ。

気になるワイン編

自然派ワインの巻

自然派にビオ、ナチュラルワイン？

岡　レストランやワインバーでも見かけることが多くなった自然派ワイン。今日は、夙川の『リコルク』さんで課外授業。各国の自然派から伝統エリアのワインまで約500種、2000本を揃えてはるワインショップや。

――わーい、テイスティングコーナーがある〜♪

岡　……コホン！　ご店主は、ワインのインポーターに勤めた後、イタリア・ピエモンテのワイナリーで働いた経験もある中島健太さん。こんにちは。

中島（以下、中）　いらっしゃいませ！　お話もしやすいと思いますので、まずは一杯いかがですか？

――さすが、わかってらっしゃる。ぜひお願いします！

中　（笑）こちらはうちのオリジナルで、オーストリアの若い醸造家夫婦と意見交換し、造ってもらったリースリングです。

岡　色調がちょっとオレンジがかっているのは、皮も一緒に浸けこんではるのかな？

中　はい、ほんの少しですが。

――うーん、フレッシュな香り。この自然な味わいは、さすがヴァン・ナチュール！

岡　ほぉ、おわかりになりますか。ピチピチ弾け

るようなブドウそのもののピュアな味わいやね。ところで、そのヴァン・ナチュールいうのは、どんなワインのことや？

——え…そりゃ農薬を使わないで栽培したブドウで醸す、アレやコレや入れないワイン、ですよね？

岡　中島さん、悪いけどちょっと軽く説教…じゃなかった説明したってくれる？

中　はい（笑）。自然派ワインには、まだ統一された定義はありませんが、農薬や除草剤などを使わず栽培したブドウを野生の酵母で発酵させ、補糖や補酸、酸化防止剤などの化学的、人工的なものをできるだけ排した造り方をしているワインのことです。

——おおかた、チャレンジングな若手の醸造家たちが言い出したことでしょ？

中　いえ、先駆者は伝統国のフランスやイタリアです。

——へぇ、フランスですか。どっちにしても、始まったのは最近のことですよね？

岡　ちょいちょい、キミはいつの時代を生きてるんや？地球の歴史から見れば、そりゃ最近やけど、フランスのロワールで「ビオディナミ農法」が始まったのは、もう40年以上も前のことやで。

——えっ、そんな昔!?

岡　1980年に、ロワールの『クロ・ド・ラ・クーレ・ド・セラン』というワイナリーのオーナー、ニコラ・ジョリーさんという人が、ルドルフ・シュタイナー博士の提唱する考え方をブドウ栽培で実践し始めたのが最初といわれているねん。

中　自然派ワインが時にビオワインと呼ばれるのは、そ

撮影協力／『wineshop recork』
兵庫県西宮市羽衣町5-23 パートンビルB1 ☎0798・22・2346（P154〜157）

のビオディナミ農法やビオロジック（有機栽培）など、畑の自然な力を生かすブドウ栽培に重点が置かれるためです。

岡　フランスで初めてジョリーさんからビオディナミの話を聞いたのは、ボクがまだ駆け出しの頃。月の満ち欠けがどやとか、水牛の角に牛のフンを詰めて畑に埋めるやとか。聞いたことないフランス語もぎょうさん出てくるし「この人、何を言うてはんのやろ？」と思ったもんや。そうこうするうちにローヌの「シャプティエ」やら、あちこちで耳にするようになった。

中　健康志向やオーガニックブーム、環境保護といった視点からも自然な造り方が見直され、その流れはオーストラリアや南アフリカ、アメリカなどへも広がりました。

岡　20年ほど前は、まだまだ不安定なものが多かったけれど、最近は随分とクオリティも上がってきたね。

中　造り手たちが失敗を繰り返し、試行錯誤してきた結果でしょうね。大量生産のワインには出せない土地の個性や、ブドウそのもののクリーンな味わいが、飲み手にも受け入れられるようになってきたんだと思います。

世界的な流行はどこから？

岡　今や世界中のワイナリーが自然派に向いていると言っても過言じゃないやろね。

中　フランスでもロマネ・コンティなどの名門ドメーヌや、最も保守的といわれるボルドーの大御所シャトーさえ、自然農法へと移行しつつありますからね。

――あのロマネ・コンティも？

岡　ウイ。その通り。ヴィンテージに左右されるリスクはあるけど、テロワールの個性が表現できるのは大きな魅力やからね。

中　栽培だけでなく醸造にも原点に回帰する流れがあって、添加物をできるだけ減らそうとト

ライしています。

――酸化防止剤のSO_2（亜硫酸塩）を入れないんですね。

中　全く入れないわけではありません。SO_2にはいくつか役割があって、醸造過程で添加することで雑菌の繁殖を抑えたり、瓶詰め前に入れるのは輸送中のリスクを軽減するため。今、飲んでいただいているワインも瓶詰め前に極少量のSO_2を添加※しています。

岡　そら赤道を越えて海を渡ってくるんや。なんぼ低温コンテナでもまったく酸化しないわけがない。ましてやドライコンテナの時代には、白ワインが茶ワインになってました、なんてこともあったからね。それにしてもキミ、さっきから飲んでばかりやけど、話聞いてたんか？

――（ゴホッ）も、もちろんです。でもこれ、身体にスーッと馴染むから、いくらでも飲めちゃって。

岡　まぁ自然な味わいやから飲みやすいし、どんな料理に合わすかキミらも研究しぃや。

――いつもお家に1本あったらいいですねぇ。

中　ただ、SO_2が少ない分、やはり酸化や味わいの変化も早いので、抜栓したワインを保存する場合は、赤ワインでも冷蔵庫に入れていただくのがお薦めです。

――塾長の場合、酸化する前に飲んじゃいますから、そんなに心配いりませんよね？

岡　お、おう。ようわかってるがな…。

中島さんお薦めの3本。左から、オーストリアの「マーティン＆アナ アンドルファー」のリースリング『recork』オリジナル。ドイツ「シュミット」リースリング。オーストリア「アンドレアス・ツェッペ」ソーヴィニヨン・ブラン。「古くから自然な造りを続けてきたエリア」と、現在は東欧やドイツに注目しているそう。

※フランスの自然派ワイン協会（AVN）の「ヴァン・ナチュール」の定義では、1ℓあたりのSO_2基準値を以下のように定めている。赤・発泡性：30mℓ、辛口白40mℓ、甘口白（糖が残っているので再発酵しやすいため）80mℓ。

ワイン×スイーツの楽しみ

ワインやカクテルなど
お酒を楽しむのは食事だけ?
甘〜いスイーツとの
マリアージュをご紹介。

岡　ちょっとここらで糖分補給でもしよか。

——ふ〜!賛成!甘いお菓子でティー・ブレイク♪

岡　いやいや、これもレッスンの一環。キミは「アシェット・デセール」て聞いたことないか? いわゆる「皿盛りデザート」のことやねんけど。今日はその専門店で課外授業や。

——授業ってことは、お菓子にもワインを…?

岡　フランスでは昔からお菓子とワインのマリアージュは当たり前。例えばシャンパーニュ地方の伝統的な焼菓子、ビスキュイをシャンパーニュに浸して食べたり、ロワール地方の郷土菓子、リンゴをたっぷり使ったタルト・タタンにはロワールを代表する白ワイン、シュナン・ブランの甘口を合わせたりね。

——なんともオッシャレ〜!甘いものには甘いものを合わせる、ってことなんですね。

岡　もちろんセオリー的にはそうやけど、フランスではこちらのお店で提供されてるような「デザートのみのコース」というのはないから、今回は飲む順番にこだわる必要なし! 甘いお酒にもこだわる必要なし!

——相性重視ってことですね。

岡　そ。つまりボク流の楽しみ方いうことやな。まず、ワインはブドウから造られたお酒やから、もちろんフルーツとは好相性。柑橘類やイチゴのデザートなら、爽やかな酸のシャンパーニュと一緒に楽しむのがええね。シュワシュワの泡とフルーツが出合って、口の中はフルーツパンチ感覚！甘いものを食べた後に、ちょっと酸味のあるフルーツをいただく時も、シャンパーニュなどスパークリングワインを飲めば口の中の甘みをウォッシュして、さっぱりリセットしてくれる。

——じゃあチョコレート系のデザートには？

岡 ほろ苦のショコラならロゼやね。カカオのほのかな渋みとロゼのタンニンが素敵なハーモニーを奏でるんちゃうか？フォンダン・オ・ショコラや写真のクレープシュゼットみたいな温かいデザートなら、香りや余韻の豊かな貴腐ワインがぴったり。反対に、シャリシャリの冷たいかき氷なら、リキュールでちょっと甘みを足したミモザ（シャンパーニュにオレンジジュースを加えたカクテル）なんかオススメやね。

温かいクレープシュゼットには、
甘すぎず、爽やかな酸味が特徴の
カナダのアイスワイン『ヴィダル』がぴったり！

——かき氷とシャンパンカクテルとは、贅沢！

岡 甘口のアイスワインがあれば、ハーフボトルで注文して、まずは冷たいデザートに合わせてチビチビと飲む。時間が経ってだんだん温度が上がってくると、甘みも香りも増してくるから、その頃合いで焼きたてのパイやタルトなど温かいスイーツを合わせる。こんなの、ツウっぽいやろ？

——それ、試してみよーっと！

撮影協力／『アシェット デセール マルヤマ』
西宮市樋之池町27-68 ヒルサイドレーン1F
☎0798・78・3101

KRUT
KRUT

もっと！知ったか編

LESSON 7

飲む順番の巻

もっと！知ったか編

岡　今日は課外授業。ワインの豊富な『パセミヤ』さんでコース料理をいただくとしよか〜。まずは前菜からや。

――野菜たっぷりのサラダ、美味しそう！まずは軽めの白で。

岡　ボクはボージョレの赤を。

――え？最初は泡か白じゃ…。

岡　そら無難にシャルドネのブルゴーニュブランでもエエけど、サラダに脂がのった馬ベーコンがのってるやろ。前菜に肉が出てきたら赤でもOKや。ガメイには、若干スモークしたような香りがあるから、ベーコンの味わいには、ジューシーで軽やかなボージョレの赤がよう合うねん。うん、ウマい！

――それで赤からスタートと。

岡　そや、白でも赤でもピンクでもOKや。お、メインはシンプルにソテーした白金豚ですか。それならシャルドネといこか。

――え、赤の後に白ですか？

岡　大事なのは料理との相性。赤から白でも問題ナシ！白の中でもバランスのいいシャルドネは合わせる素材のキャパも広い。この豚なら、牛肉ほど香りが強くないし、野菜もたっぷりやからよう合うでぇ。付合せがキノコや根菜やから、ちょっと土っぽい香りのサンテミリオンなんかも合うけどな。

――じゃ、まずはボージョレを飲み干して…。

泡↓白↓赤と決めてへん？

岡　そないに慌てんでも。置いといて後の料理に合わせてもエエねんで。にしてもキミ、泡↓白↓赤と飲む順番を決めつけてるようやけど、せっかくグラスで飲めるねんから、料理や素材によって、赤白赤白と飲んでもエエし、間に泡を挟んだってノープロブレムや。

　フレンチやイタリアンのコースは、淡い味つけから濃い味へと、ワインを意識した組み立てやから自然にそうなるけど、ワインの楽しみが広がってる昨今、順番にこだわるなんてナンセンス。さぁて、締めはボクの大好きなお好み焼きや。

――これには、何を合わせましょか（オドオド）。

岡　そやな。このソースの香りでまずは赤のサンテミリオンをひと口。それから、次はドライなリースリングやなぁ。ソースの持つフルーツの香りと、リースリングのオレンジ系の香りがよう合って、やさしい甘みがぐんと立ってくるやろ？ ふぅ～美味しかった。ほな最後はシャンパンで。

――…最後に泡ですか？

岡　本来は甘口が最適やけど、熟成感のある黒ブドウ100％のシャンパーニュなら、デザートにブドウをつまんでるみたいに後口サッパリ。これにて本日の授業終了。ごっそさーん！

前菜

馬ベーコンのサラダ
×
ボージョレ（赤）
↓

メイン

白金豚のソテー
×
シャルドネ（白）
↓

締め

お好み焼き
×
サンテミリオン（赤）→
リースリング（白）
↓

デザート

シャンパン

撮影協力／『パセミヤ』
大阪市北区中之島3-3-23 中之島ダイビル3F ☎06・6225・7464

もっと！知ったか編

酸化の巻　その1

ワインは味と香りの変化を楽しむもの

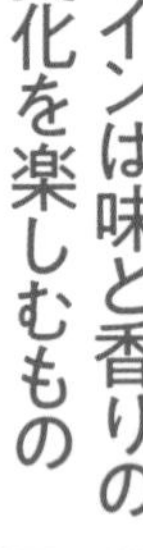

岡　さて今回は、同じ生産者、同じ銘柄のヴィンテージ違いを飲み比べてみよか。ボルドーの「シャトー　モン・ペラ」2007年と2012年や。

――憧れの垂直試飲、俗にいう〝タテ飲み〟ですね。おお、色からして違いますねぇ。12年に比べて07年は濃い。

岡　まずは香りから。12年は爽やかなグレープフルーツ。ソーヴィニヨン・ブランらしいほろ苦い柑橘系の香りやね。

――07年は、甘い蜜のような…。

岡　まるで別物やろ。保存方法やコルクの状態など、いろいろな要素が相まって、ワインは抜栓前でも酸化（オキシデーション）することがある。変化は様々で、これは非常にいい状態に酸化熟成したタイプの白ワインやねん。この心地よい蜜のような甘い香りや、褐変した濃い色合いも酸化の影響と考えられる。この違い、キミにもわかりやすいやろ？

――5年の時は偉大ですねぇ…。

岡　ワインは、時間の経過による味や香りの変化を楽しむものやからな。品種によっても違うけれど、例えばソーヴィニヨン・ブランは、抜栓してすぐは柑橘系の香りはあまり強くない。特にキンキンに冷えてたらなおさらやな。グラスに注いで時間が経つと温度も上がり、空気に触れることで揮発性の香りなんかも出てくるんやな。

――いわゆる「開く」わけですね。

岡　まぁ白の場合はもともと開きやすいから、グラスをグルグルッと回すぐらいですぐに変化するけどな。さて、注いでから少し時間が経って、香りもさっきとは変わってきたやろ？

――12年はちょっと甘い香りが出てきました。あれれ？07年は複雑な…。

岡　若いほうは、温度が上がってブレンドされてるセミヨンの甘さが出てきたんやな。熟成しているほうは、初めは感じなかったオキシデーションの香りが出てるね。ワインは、抜栓して空気に触れた瞬間から変化していくけれど、その速度は若いほうがゆっくり。瓶の中で、空気中の酸素にほとんど触れることなく長い間眠っていたワインほど、温度の上昇や時間の経過による変化が急激に表れるんやな。

――確かにすっかり別物。なんか箱を開けた浦島太郎みたいですね。

岡　うまいこと言うやんか。今回は、いい状態に酸化熟成してたけど、次は別の酸化を体験してみよか。

――もしや美味しくないワインですかぁ。

岡　つべこべ言わない！〝サンカ〟することに意義ありや！

もっと！知ったか編
酸化の巻 その2

ザンネンな酸化、オキシデを体感せよ！

岡 前回は、酸化がいい方向に作用して美味しく熟成した極めて稀な例やったけど、今回は、ザンネンなほうに酸化したワインを体験してみよか。

——いわゆる「オキシデ」(Oxyder：仏語で酸化する、酸化させるの意)といわれるヤツですね。

岡 前回も言うたように、ワインは空気に触れることや温度の変化によって香りや風味が変化していくものやけど、なんらかの原因によって抜栓前の瓶の中で変化が起き、本来の味や香りが褪せて失われてしまった。つまり、まずいほうに酸化した。これがオキシデやな。

——それ、外見でわかるもんですか？

岡 ほとんどの場合はわからない。他に比べて色が濃いとか、コルクの状態が悪かったりするとその可能性はあるけど、それも一概にはいわれへん。

——じゃあ決め手はどこに？

岡 最終的にはコルクを抜いて飲んでみないことにはわからへん。このワインは、一緒に仕入れた正常な同じワインに比べたらやや色が濃いのがわかるけど、1本だけやったらそれも気付かないやろな。まぁとにかく飲んでみ。品種はソーヴィニヨン・ブランや。

——わ、なんかムレたような匂い。でもどこか懐かしいような感じも…⁇

岡　カラメルみたいな香りがするやろ。それが酸化したワインの特徴や。これは白やからまだしも、赤の場合は特有の香りやタンニンがあるからもっとわかりにくい。ただ、飲めんことないし、慣れたら意外と平気だったりする。スペインのシェリーやフランス・アルボワ地方のワインのように、あえて酸化させた味をウリにしてるものもあるくらいやからな。

——じゃあどうやって判断したら？

岡　本来あるべき香りや味が失われていないかどうかの見極めやな。つまり、ブドウ品種が持つ香りや色、味わいの特徴など、ワインの平均値を知っていることが大事。ソーヴィニヨン・ブランなら、本来の香りは？

——えっと、ほろ苦い柑橘系で…。

岡　爽やかな酸味があるはずやろ？　それなのに、こんなカラメルのような香りっておかしいやろ。品種の特性を理解してないと、酸化もブショネもわからへん。そのために今まで品種の勉強をしてきたんやで。

——はっ！　しっかり復習します！

LESSON 7

もっと！知ったか編

デキャンタージュの巻 その1

ワインを〝開かせる〟ってどういうこと？

——今回はデキャンタですね。

岡　それはワインを入れるガラス製の器のこと。今日のお題はワインを移し替える作業「デキャンタージュ」。さて、その目的は？

——〝閉じている〟ワインを開かせたり澱を除くため、ですよね？

岡　まぁそうやな。他には？

——え、まだあるんですか？

岡　レストランでは、一種の演出として披露する場合もあるいうことやな。では本題にいこか。熟成したワインには、色素やタンニンが沈着して塊になった澱ちゅうのがある。飲んでも害はないけど、美味しく飲むために上澄みだけを移すんやな。澱が舞ってる状態ではデキャンタージュできひんから、抜栓前は動かさんように、そーっと静かに横たえておくか、2〜3日前から立てて澱を落としておく。下向きはあかんで。口のほうに澱が溜まってしまうからな。

ところでキミ、さっきワインを「開かせる」言うたけど、それってどういうことや。

——えっと…空気に触れさせて、ワインを生き返らせる？

岡　なんや心もとない説明やな。死んでるんとちゃう、瓶の中で長い間お休みになってるワインを空気に触れさせ〝目覚めさせる〟。本来の風味や味わいを取り戻させることやな。これは古いワインの話。若いワインはまた意味合いが違う。ボルドータイプのワインなんかは、タンニンが強くて渋みがあるから若いうちに飲んでもあんまり美味しないやろ。強制的に空気と接触させて酸化熟成を早めてやれば、香りが強く華やかになり、渋みもやわらいで飲みやすくなるわけや。

――エアレーション、ですね？

岡　そやな。フランス語でアエラシオンともいう。そやけど、なんでもかんでもデキャンタージュしたらええわけやないで。酸のしっかりしたボージョレなんかは、ますます酸っぱなるし、香りが飛びやすいブルゴーニュのワインも基本的にボクはしないね。

――あの、デキャンタージュするのって赤だけの話ですよね？

岡　そうとも限らへん。白でも泡でもすることもあるで。ボクらは、したほうが美味しいと思えば薦めるけど、結局は好みの問題。飲み手が決めることやから。ところでキミ、デキャンタボトルがなくても家で簡単にデキャンタージュできる方法、あるの知ってるか？

――教えてください！

岡　ワインの空きビン1本と漏斗（じょうご）があればOK。ただし、醤油の香りが移った漏斗はNGやで。おっと、これはプロ用やけどな（写真上）。せっかくやから、次回は本格的なやり方をお見せしよか。

LESSON 7

デキャンタージュの巻 その2

もっと！知ったか編

そろりそろりと移してへん？

岡 続いて、デキャンタージュの実践編やな。

――これ何ですか？（写真下）

岡 パリの三ツ星レストランで見たものを再現して作ったデキャンタージュ専用のゲリドン（＝ワゴン）や。本格的にやるために、ワインはこちらを用意しました。

――グラスがこの形ってことは…ボルドーですね？

岡 正解！ それも2007年のメドックの格付けワインやで。

――ヒュ～♪

岡 前回言うたようにボルドーの赤ワインは若くてもそれなりに澱があるし、デキャンタージュしたほうが美味しくなる。ましてや古いものは、開くことで香りも華やかになるから、香りがストレートに立ち上がる膨らみの少ないグラスで飲むわけや。それに対してデキャンタージュしないブルゴーニュのワインは、風船みたいなグラスの中で香りを開かせて…。

――あの膨らみの部分に澱を沈めつつ飲むんですよね。

岡 そういうこと。ほな実際にやってみるで。

――そのロウソクは、ワインの温度調整に使うんですか？

岡　イヤイヤ、こんな炎で温まるわけないやんか。ワインボトルの首のところを照らして澱が入らないように見るためや。そやけど人が通ったりエアコンの風があたると灯りが揺れるねん。最近はワゴンの下に埋め込んだライトを使うことが多いけど、せっかくやから今日はロウソクでやろ。まずは下に溜まった澱が浮かないよう速やかに抜栓。そしてボトルの口とデキャンタの口をそっと合わせて。灯りで照らして、澱が流れないよう注意しながら一気にいくで！

——え、そんな大胆に？

岡　途中で休憩したら澱が混ざってしまうやんか。これ見てみ。たなびく雲のような澱が見えるやろ？ そろりそろりやったら澱が広がってしまうから、全部を注ぎきる勢いで大胆かつ慎重に。よっしゃこれでOK。さて、ワインボトルに残ったのと、デキャンタに移したのを飲み比べてみよか。

——うわ、全然違います！ デキャンタージュしたほうは、香りに広がりがあってなめらかな口当たり。濃厚でふくよかな果実味があって、めちゃめちゃ美味しいっす！

岡　飲み比べれば、この作業でどんだけ差が出るかわかるやろ。

——はい！ごちそうさまでした！ では、片付けておきまーす。

岡　キミ、デキャンタを洗う時は、食器用洗剤は瓶の内側に油が残るのでNGやで。塩と酢でジャバジャバっと洗って自然乾燥やで。

LESSON 7

もっと！知ったか編

ブショネの巻

特有のニオイで覚えるべし

岡　さぁ、ここまできたらブショネを体験してもらお。キミにも違いがよくわかるように正常なのと飲み比べてみよか。まずはこっち。色は透明感があってきれいやね。香りの印象は？

――果物や花、ちょっと甘い香り…。

岡　じゃあこっちはどうや？　種類もヴィンテージも全く同じものやけど。

――色は変わりないようですが…ウェッ、埃っぽい！　カビのニオイ？

岡　濡れた新聞紙や段ボール、大掃除の時の押し入れを思い出すやろ？　これがブショネ特有のニオイや。

――衝撃のブショネ初体験です。

岡　これは明らかやけど、中には微妙なんもあるし、ボルドーの赤ワインの中には、これと似たような土っぽい香りのもある。「こういう味かな？」と思って飲んでるケースもあるかもしれへんで。まぁ飲んでも害はないから大丈夫やけどな。

――見分け方ってあるんですか。もしや？と思っても違ってたら恐いし。

岡　抜栓して香りを確かめてみないと、見た目ではまずわからへんなぁ。ボクがレストランなどでよくやるのは、ヘンやなと思ったら「これ、飲んでみてくれへん？こういう味でええんかな」と聞いてみるねん。

——その言い方なら安心だしツウっぽい！

岡　もう知ってると思うけど、ブショネの語源はフランス語の「ブション(栓)」。つまり原因はコルク栓にあると思われてきた。コルク樫の加工に使われた薬品やコルクを煮沸消毒する際の塩素などが、何らかの化学変化を起こしてワインを変質させてしまうという説や。でもこの頃の研究では、雑菌の一種がコルクを通してワインに混じり込む可能性もあるということがわかってきたらしい。いずれにしろ世界的なワイン人口と消費量の増加に伴い、ブショネも増えているということかな。

——それでプラスチックやガラス製のキャップが増え、スクリューキャップも多くなっているわけですよね。

岡　そういうことやな。長年の研究でスクリューキャップでも充分に熟成するということがわかってきて、フランスの一流メーカーでも研究が進められているらしいからね。

——へぇ、ワインは不思議な生き物みたいですねぇ。

岡　お、たまにはええこと言うやんか。ちなみに、ボトルのサイズによっても味わいは変わる。次回はキミたち憧れのマグナムボトルが登場や。

LESSON 7

もっと！知ったか編
マグナムボトルの巻

中身は同じでもサイズで味わいが変わる⁉

岡　いろんなサイズのボトル、ずらりと並べてみたで。

——ヒュ〜♪　壮観ですね！

岡　小さいのはハーフ、大きいのは2倍のマグナム、4倍のジェロボアム、6倍のレオボアム、8倍のマチュザレム。シャンパーニュとボルドーでは、若干呼び方に違いはあるけど、ざっとこんなところやな。

——さらに上には、サルマナザール、バルタザール、ナビュコドノゾール…。旧約聖書に登場する王様や賢者から付いた名前だそうですね。

岡　さすが知ったかクン、そういう知識だけはバッチリやな。

——でっかいシャンパンは、音もさぞかし派手なんでしょうね！

岡　ジェロボアムクラス以上になると、瓶内で泡が作られにくいから、中身は詰め替えてるはずやで。ガス圧が高くないから音も「シュポッ」いうくらいのもんや。

——注ぐ時はどうするんです？

岡　ボクはマグナムくらいまでは片手で持って普通にサーブできるけど、ジェロボアムクラスは両手、それ以上は、デキャンタに移し替えるな。こんな大きな口から直に注いだら、こぼすやんか。サルマナザールなんか9ℓ

もあるんやで？ 中身だけでおおかた9kg、瓶の重さ入れたら20kg近い。そんなん抱えてウロウロしたら危のうてしゃあないがな。こういうのはパーティーのショーアップ用、日本でいうたら樽酒みたいなもんやな。

——ワイン好きが集うホームパーティーなら、マグナムくらいがお得でちょうどいいってところですかね？

岡 ははぁん、日本酒を一升瓶で買うたほうが安いっちゅうのと同じ発想やな。ワインの場合は、同じの2本よりマグナムのほうが高いことがほとんどやろな。

——え、中身は同じなのに？

岡 ステイタスみたいなもんもあるし、厳密にいうたら同じヴィンテージでも味わいには差が出てくる。容量の大きいほうが空気に触れる部分が少ないから、熟成がゆっくり進むねん。ボトルが大きい分、膨張、収縮の度合いも小さいからワインの負担も少ないわけやな。だから「フルボトルよりマグナムが美味しい」といわれるんやけど、5年、10年経たんと違いも生まれてこないし、キミらのレベルではまずわからへんやろなぁ。

ボルドーには3ℓや5ℓというサイズも。

LESSON 7

もっと！知ったか編

ワイングッズの巻

使い勝手もベリーグッズ（ド）！

岡　家でワインを飲む機会も増えたし、あると便利なワイングッズを紹介しよか。まず抜栓のためのグッズ。

――ソムリエナイフ？　憧れます！

岡　あのな、キミはそうやってすぐカッコにこだわるけど、お家でワインを開けるならこんなオープナー❶が便利やで。ボトルの口にカパッとセットして、レバーを下げて上げるだけ。3ステップで完了や。キミもやってみ。

――1、2、3と。おぉー、なんとイージー！

岡　な？　スクリューも真っ直ぐ入るし、これなら股に挟まんでもええから、キミみたいな素人にはぴったりや。

――素人って…（ブッブツ）。

岡　こっちは最新型のワインクーラー❷や。氷をガラガラッと入れてボトルを差し込むと、あ～ら不思議、氷がクルッと回転してワインが斜めにシュッと収まる。

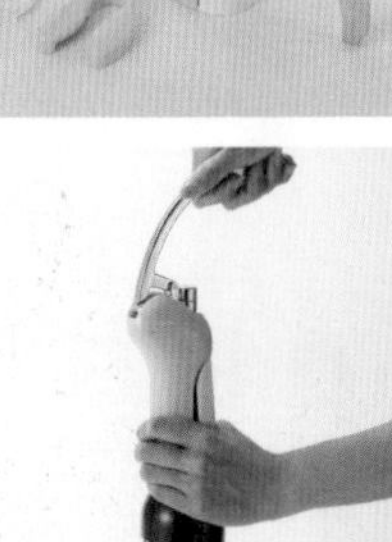

❶「ラクリス ワインオープナー」4180円。JAL国際線でも採用されているキュートなワインオープナー。名前の通りわずかな力でラク～に抜栓できる。

❷「スライドイン ワインクーラー」3080円。ボトルが大きく傾く設計で取り出しもカンタン。置いておくだけでもオシャレ！

アーチ型のアームは安定感もあるし、持ち運ぶ時の取っ手にもなるんや。お客さんを招いた時には、ちょっとええカッコできるで。

——ふむふむ、これは優れものですね。

岡 ピクニックやお花見なら、軽くて緩衝材にもなるこんなクーラー❸が便利やで。見てみ、ホレ、保冷剤内蔵やで。このスリーブを冷凍庫で凍らせて巻きつければ、保冷効果がキープできるんや。外でも家でも飲み残した時には、このキャップ❹があれば助かるね。ボトルの口にピタッと密着して、持ち運んでも寝かせて冷蔵庫へ入れてもこぼれない。洗って繰り返し使えるのもエコやね。

——この白いスリムな懐中電灯みたいなのは?

岡 お、目ざといねぇ。去年日本に初上陸したシャンパンプリザーバー❺や。シャンパーニュやスパークリングワインを飲み残した時には、この最新機器があれば開けたての繊細な泡立ちやフレッシュな風味をプリザーブ!アルゴンガスと炭酸ガスの合わせ技で、泡と風味を守ってくれるんやて。「抜栓したシャンパーニュの保存、どうしたらいいですか?」てよう聞かれるんやけど、これがあれば万事解決!ボクの場合はたいがい飲み切ってしまうからあんまり必要性がないけどな。ワインは〝開けるもん〟やなくて〝空けるもん〟やから(笑)。

❸「ワインボトルクーラースリーブ」各1650円。ジェル保冷剤一体型なので、かぶせたままでもサーブできる。ブラック、ピンク、ストライプの3種。

❹「ワインキャップ」2個495円。ボトルにぴったり密着するから寝かせて保管ができるシリコン製キャップ。繰り返しの使用も可能。

❺「zzysh(ズィッシュ)シャンパンプリザーバーセットA」(本体、専用ストッパー、ガスカートリッジ1本)20680円。

協力/『株式会社グローバル』
大阪市西区西本町1-5-3 扶桑ビル2F ☎06・6543・9686

もっと！知ったか編 プレゼントの巻

贈り物のワイン、値段だけで選んでへん？

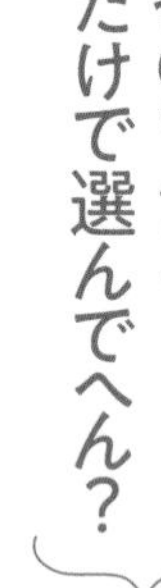

岡　キミも、もうすぐ卒業やなぁ…（しみじみ）。

――ご指導ありがとうございました！　お世話になったお礼に、ワインをプレゼントしたいのですが…。やっぱブルゴーニュのグラン・クリュあたりですかね。

岡　いただくものは何でも嬉しいけど、まだ「フランス産＝高級」て思い込んでるんちゃうの。オーストラリアやニュージーランドのワインファンかて増えてるやん？　ちなみにこのカリフォルニアワインの瓶、ちょっと持ってみい。

――お、重たい！

岡　味もエエんやけど、ずっしりしたボトルは、〝ええもん〟いう感じがするやろ？　同じシャンパンでも、プレステージによくある下ぶくれの変型ボトルには〝高級〟いうオーラが出てるやん。あと、キミなんかはスクリューキャップ＝安物と決めつけてるクチやと思うけど、ボクは貰ったらラッキー！と思うなぁ。だってカンタンに開けられるやん。

——味以外にも気を遣うのがポイントなんですね。

岡　重さやら見た目も大事やけど、ワイン選びで何より大切なんは〝知恵〟を使うことや。味はお店の人に相談したらええけど、そもそもお相手がワインを飲み慣れてるかそうでないか。どんな味わいが好みか。情報が多いほど選びやすいわな。飲んだことない人にシャンパーニュなんか贈ったら、どないしたらええんやろとアタフタしはるがな。もし、ワインに興味を持ちはじめたばかりのビギナーさんなら、ブドウ品種の違う赤を2本セットにして贈るとか…。

——ヴィンテージ違いとか？

岡　そう。「飲み比べをお楽しみください」てなメッセージを添えれば、なお気が利いてるやんか。本来ギフトいうのは、感謝の気持ちやおめでとうの想いを伝えるもの。宅配するにしても手書きのカードを一枚添えれば温かみもあるし、貰ったほうも嬉しいやろ？　それから季節感も大事やね。

——あ、例えばヌーヴォーの季節とか。

岡　新酒の時期だけとちゃうで。例えばクリスマスに似合うのはやっぱり華やかな泡やし、寒くなってきたらホットワインもアリ。日本では、赤白2本をセットで贈ればおめでたいと喜ばれる。桜の季節にはロゼなんてのもシャレてるやんか。暑い夏…は、ボクはビール！　のクチやけどな(笑)。

——季節を意識すれば、贈るワインも見えてきますね。

岡　要は、金額よりも気持ちがどれだけこもっているかが大事いうこと。しかしキミ、視野が狭いしまだまだヒヨッコ。このレベルでは当分卒業はムリやな…。

LESSON 7

もっと！知ったか編

テロワールの巻

グラスの向こうに風景が広がる？

岡　今日はちょっと高度なテーマで話をするで。前に飲み比べをしたからキミも知ってると思うけど、同じ造り手が、同じ品種のブドウで同じようにワインを造ったとしても、ブルゴーニュとカリフォルニアでは、ワインの味わいが当然違うわな。それはなぜでしょうか？

——そりゃワインは、テロワールで決まりますからね。

岡　ほぉテロワールねぇ。それってなんや？

——そ、それはそのぉ、ブドウが育つ土地のこと？

岡　またえらいざっくりやな。ほな今日はテロワールについて勉強しよか。テロワール「terroir」は、ワインの世界で使われるようになった言葉で、フランス語の土「terre」から派生したもの。ブドウ畑を取り巻く環境、つまりその場所のキャラクターいうことやな。そこに含まれるものは、まず気象条件。日照量や気温、降水量など。それから地質や水はけなど土壌の特性。さらに標高は？ 地形は？ 畑の向きはどうや？

——めっちゃたくさんの要素を含んだ言葉なんですね。

岡　そう。ヨーロッパの国々では、このテロワールがワインの味わいに大きく寄与しているという考え方が古くから根付いていて、フランスのワイン法を始めとする法律のベースにもなっているんや。

——え、それってどういう意味ですか？

岡　ブドウ畑のキャラクターが、ワインの個性を醸し出すという考え方やな。キミでも知ってるように「ロマネ・

コンティ」は、フランスのブルゴーニュ地方、コート・ド・ニュイ地区のヴォーヌ・ロマネ村にある、たった1.8haの小さな畑の名前や。この「ロマネ・コンティ」の畑で造られたブドウから醸したワインが、とてつもなく美味しいと。それは、この畑の土壌や傾斜や日当たりなど、比類なき好条件が揃っているからやと。じゃあこの畑は、グラン・クリュ(特級畑)と格付けしましょうね、と。まぁ簡単にいうとそういうことやな。

――へぇー！初めて知りました。

岡　まぁそんなことは知らんでもええねんで。要するに、ブドウの樹は植物やから、テロワールとの相性が大事いうことや。これは、お米でもそうやで。コシヒカリは福井で生まれたけれど、魚沼のほうが有名になってしもた。それは、宣伝の上手下手もあるかもしれんけど、魚沼のテロワールがコシヒカリによう合ってたのかもしれへんな。そやからフランスなどのワイン先進国では、高品質なワインを造るために長い時間をかけて、その土地のキャラに合ったブドウを見つけ、栽培してきたわけやな。

――営々と紡がれてきたワインの歴史。ロマンあるなぁ。

岡　一般的には、粘土質の土壌では厚みのある重たいワインができ、砂地や石灰質土壌では軽やかで繊細なワインができる。ブルゴーニュのように、土が複雑に混じりあった地質で育つブドウは、複雑で繊細な味わいのワインになるといわれている。また、暑いエリアで育つブドウは糖度が高く、冷涼な場所では酸がシャープに仕上がる。そやから、例えば酸がシャープで軽やかなワインやなぁと思ったら「これは冷涼なエリアの石灰質の土壌で育ったブドウのような気がするなぁ」とか、しっかりしたボディの重ための赤やったら「粘土質の土壌、例えばボルドーのポムロールの赤ワインのような味わいですね」なんて言えば、かなり〝知ったか〟できるで。

――あ、そういうのもっといろいろ知りたいです！

岡　そやけど、ワインを飲む時にはそんな難しいこと考えんと楽しく飲んだらええねん。頭で考えんと、イメージすること。ま、ボクくらいになると、グラスの向こうにブドウ畑の景色が自然〜と浮かぶんやけどね。

LESSON 7

ソムリエと話すの巻

もっと！知ったか編

岡　さて、お勉強もそろそろ総仕上げ。実践で役立つ知識をいろいろと伝授してきたから、ここらでイメトレしてみよか。まず、レストランで席に案内されて座りました。そこへソムリエが出てきます。「食前にシャンパンでもいかがですか？」と聞かれました。さぁどうする？

――シャンパーニュは値段がちょっとコワイ…。とりあえず断って、「料理に合うお薦めを」と伝える。

岡　それだけで、ワインを選べってか？

――だってソムリエさんはワインを選ぶ人でしょ？

岡　常連さんなら話は別やけど、一見では好みもなんもわからへん。丸投げされても選びようがないがな。

――じゃあどうしたらいいんですか？

何を、どのように伝えたらいい？

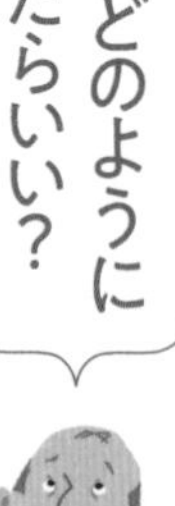

岡　例えば「先に料理を決めてから、ワインを選びます」と伝えてメニューを見ながら相談するとか。シャンパンがいらないなら「前菜に合う白を食前酒がわりに飲みながら次を考えます」とかね。

――それ、超スマート〜！

岡　ワインを注文する時には、まず自分がどのくらい飲みたいのか、おおよその量を伝えるといい。例えばボトル1本ぐらいなのか、それとも白をグラスで、赤はボトルでとかね。それから予算。単に「お手頃」というても基準はそれぞれやから、リストを指差して「このくらいの価格帯で」なんて伝えればスマートやし、ビクビクせんでもええわけや。次に、飲みたいワインの好みを聞かれたら?

――爽やかでシャープな感じが好きです、とか…。

岡　また曖昧、アイマイミーやなぁ。ちょっと通ぶりたいなら産地名やブドウ品種を言うのもオシャレやで。「ブルゴーニュの軽めが好き」とか、「アルザスのリースリングはありますか? グラン・クリュじゃなくていいのでスタンダードなのを」とかね。スタンダードいうたら、目ン玉飛び出るようなんはないからな。「重たいのは苦手」とか「軽やかでフルーティー」。このあたりのフレーズは、お手頃なワインをオーダーする時の魔法の言葉や。

――しかも、さり気なく〝コイツなかなかやるな〟と思わせるセリフですね。

岡　他には「ローヌの南のほうなんかが好き」とか言えば、北に比べてお手頃系が出てくるやろし「樽香の強いのは苦手でね」なんて言えば、得意の〝知ったか〟できるで。

――なるほど! 逆に客としてNG行為は?

岡　NGではないけど、忙しそうな時にソムリエをつかまえて長話するとか、ホストテイスティングの際に、知識をひけらかしていつまでも口をつけへんとか。あと、横でソムリエが待ってるのに、グラスをグルグル回して香りをかいでばかりとかね。その場の空気を読めないKYさんは、ソムリエにも煙たがられるいうことやね。

――じゃあソムリエさんと仲良くなるコツは?

岡　お客さんの好みを聞いて選んだワインが「イメージぴったり!」とか「予想以上に美味しいですね」とか褒められたら、もう一発でコロリやろね。

LESSON 7

食前酒の巻

もっと！知ったか編

軽く一杯。アペリティフの意味は？

岡　これまでワインのことをいろいろ学んできたけど、食事と合わせて楽しむのがイチバン。レストランに行った時により楽しみを広げるのに覚えておくといいのが食前・食後酒のこと。フランス語で何と言う？

――アペリティフと……。

岡　「ディジェスティフ」。食べた料理をダイジェスト、つまり消化する役割のお酒いうことやな。ではまず、食前酒の役割は？

――食欲をアップさせる？

岡　軽くお酒を飲むことで胃袋を刺激して、食事モードに切り替えるっちゅうことやな。そやけど、それだけのためのものと違うで。キミらなんか、ちょっと高級な店へ行って「食前酒はいかがしましょ？」なんて聞かれたら緊張でカチンコチンになるやろ？ そんな時は、軽く一杯飲むことで心もふわっとほぐれるやん？ 料理を待つ間にリラックスできる。

――食前酒といえば、やっぱりシャンパーニュですよね！

岡　確かにシュワシュワの炭酸系は、ほどよく胃を刺激して食前にはええお酒やな。そやけどビターなカンパリソーダやジントニック（写真下）、ハイボールだって食前酒に◎。

それに何も炭酸系じゃなくてもいい。アメリカではドライマティーニが好きな人も多いし、キールみたいなカクテルかてOK。フランスには、アペリティフいうお酒のジャンルがあって、ベルモットみたいな薬酒をオンザロックやストレートで飲むのがクラシックなスタイルやけどな。

――お洒落に決めるなら、やっぱアペリティフはマストですよね。

岡　いやいや、飲めへんのに無理して頼むことはないで。日本ではお酒弱い人も多いやろ？「あとでワインを頼むから」と断ってもいいし、ボトルで頼んで、そのまま料理に合わせるいう手もある。ところでうっとりするような甘さの貴腐ワイン、キミなら食前と食後、どっちに飲む？

――もちろん食後です！

岡　まだまだ頭がカタイねぇ。例えばソーテルヌ（写真右）。フォアグラによう合うやろ？前菜にフォアグラを注文するならハーフボトルを開けてまず一杯。これで食前から前菜まで楽しめる。残りは冷やしておいてもうて、デザートの時にもう一杯。食後を視野に入れた頼み方、ちょっとスマートやろ？

――ひゃ〜、カッコよすぎ！

岡　いずれにしろ、食前から食後まで美味しくいただくためには、自分の酒量を知ってカッコや形にとらわれすぎんことや。

もっと！知ったか編
食後酒の巻

食後酒向きなのは甘いお酒？強いお酒？

岡　さて、ぼちぼちレッスンも終了や。お題はディジェスティフ。食事の後に飲むお酒やな。で、その目的は？

――食べ物をダイジェストする、つまり消化促進の役割です。

岡　食後酒によく飲むお酒といえば、コニャックやアルマニャックのブランデー類やリキュール（写真下）。アルコール度数の高いお酒には、胃液の分泌を促して胃を活性化させる働きがあるからね。そやけどこれ、もともとはたくさん食べるための知恵やったんや。

――と、おっしゃいますと？

岡　フランスのノルマンディー地方では、お祭りの時は朝から晩まで食べっぱなし。満腹になってもうアカン、いう時にカルヴァドス（リンゴのブランデー）をクイッと飲んで、さらにまた食べる。これを「トゥルー・ノルマン」＝〝ノルマンの風穴〟いうてな。つまり胃にカツを入れるために強いお酒を飲むわけや。このカルヴァドスなんかも食後酒にはぴったりのお酒やね。

――デザートワインみたいに甘いお酒＝食後酒ではない？

岡　おーーい、まだそんなレベルかいな？デザートワインは、デザートをより美味しく楽しむためのワインのこと。もちろん「シャトー・イケム」のような極甘口のワインを食後に飲むのは最高の贅沢やけど、食後酒が甘いとは限らへんで。グラッパやマール（ブランデー類）も甘くないし、最近は締めにモルトウイスキーを飲む人も増えてる。要は消化促進や。

——やっぱり食後酒は、飲むのが常識なんですか？

岡　フランスのレストランの場合はね。食後酒をサーブする「ディジェスティフ・ワゴン」というのがあるくらいやから（写真左）。

——これみんな食後酒ですか！

岡　日本では馴染みがないし、お酒の弱い人も多い。食前酒と同じで無理して飲む必要はない。

——でも、飲んだほうがやっぱりカッコイイですよね？

岡　カッコよさにこだわるキミに、ええこと教えたろか。例えば食前にドライシェリーを、食後にクリームシェリーを飲むとか、ハイボールで始めてモルトウイスキーで締めるとか。始めと終わりに流れを持たせるなんてのは、ちょっとこなれた感じのするカッコいい飲み方やね。食後にエスプレッソを飲みながら、アルマニャックを一杯、なんてのもかなりイケてるんちゃう？　ただし、食後酒は、胃を落ち着かせながら、食後の余韻を楽しむもの。この余韻がヨイんだな〜っと、そろそろお後がよろしいようで。

意外なマリアージュ

ここまで勉強してきたけど、なんだかんだワインは料理と合わせて楽しみたいもの。最後にチョット意外なマリアージュをお届け！

×蕎麦 *soba*

「蕎麦といえば日本酒。純米酒や吟醸酒をワインに置き換えると…。麺との相性を考えて選んだのが、〃純米酒〃のイメージで、イタリアのトレンティーノ・アルト・アディジェ州のピノ・グリージョ。蕎麦特有のナッツのような香りが際立って、より風味豊かに味わえる。あと、ドライな甲州種は〃フルーティーな吟醸酒〃になり得る。意外なところでは、シェリーもええで。芳しい醤油の香りと紹興酒に似た熟成香がつゆに合う！シェリーって醤油系の味とめっちゃ相性いいねんで」。

×カレー *curry*

「香辛料の利いた料理には、スパイシー系がよう合う。そこでチョイスしたいのは、ドイツ語でスパイスの意味もある白ワイン、ゲヴュルツトラミネール。アルザスのものと合わせると、ジンジャーのようなパンチのある味わい、柔らかな甘み、華やかな香りもよく合う。あとは貴腐ワインもオススメ。ソムリエ流の合わせ方のセオリーにクリーム系のソースと貴腐ワインを合わせるというのがあって、それを応用するのもアリ。カレーの辛さが和らいでお互いのカドが取れるで」。

×和菓子
wagashi

「ワイン×スイーツのコラム（P158）でも触れたけど、基本的に甘いもんには甘いお酒がよく添う。で、和菓子といえば、小豆と砂糖をじっくり炊いたあんこ。合わせるヒントは〝フルーツあんみつ〟。例えば桃のスパークリングなんかを最中に合わせたら、穏やかな酸味が加わり、ええ塩梅に。甘さでいえば、カナダのアイスワインも。三笠と合わせると相乗効果でさらに甘さが増してくる。甘口シェリーの代表格、ペドロ・ヒメネスも、黒蜜の風味が最中の皮の香ばしさにマッチするで」。

×すき焼き
sukiyaki

「最後はみんな大好き！ご馳走の雄・すき焼きや。肉に赤ワインは王道やけど、卵に浸ける前後で味が変わるから、それに合わせてワインを選ぶと結構面白い。王道中の王道、ボルドーのカベルネ・ソーヴィニヨンとメルロのブレンドは、上品な割り下で煮た肉と食べると、肉の脂身が渋みの元になるタンニンを和らげて旨みが増す。ブルゴーニュのピノ・ノワールは酸味があるから、ジューシーなお肉と合わせやすいし、卵に浸けると酸味が落ち着くで」。

撮影協力／
そば處 とき
大阪市北区堂島1-3-4 谷安ビル1F
☎06・6348・5558
白銀亭 本店
大阪市中央区淡路町4-4-12 ☎06・7654・1067
鶴屋八幡 本店
大阪市中央区今橋4-4-9
☎06・6203・7281
リーガロイヤルホテル中の志満吉兆
大阪市北区中之島5-3-68 リーガロイヤルホテルB1
☎06・6448・3168

「知ったか！ワイン塾」お楽しみいただけましたか。

40数年、プロとしてワインを扱ってきた私ですが、ユニフォームを脱げば、ただのワイン好きなおっさん。手元にワイングラスがなかったらコップでクイッ。近所のスーパーで格安ワインを見つければ嬉々として買い込む。そんなこだわりのないワイン好きが、本来のワインラヴァーだなんて勝手に思っています。

ソムリエ協会の会長をしていただけに、バーなどでワインを飲んでいると、コメントを求められることもあります(決して嫌ではないのですが)。酸っぱい、渋い、バランスがいい程度では「なぁ～んだ」と。難しい言葉を期待されるんです。「透明に輝くルビー色の色調は目覚めを感じる朝焼けの色、第1アロマはフルーツ農園に足を踏み入れたような複雑なベリー系を思わせ、第2の香りはスワリングさせると複雑さがさらに増幅…」。こんなことばっかり考えて飲むのでは、ちっとも楽しくありません。それに、コンクールでもない限り、こんな表現は必要ないのです。

私の想いを汲んで、連載を一冊の本にすることを認めてくださった「あまから手帖」発行元、株式会社クリエテ関西の南 左千夫社長、長年お世話になっている中本由美子編集長、そして企画の発案者であり、塾生としても私の荒々しい講義を受講していただいた「あまから手帖」初代・知ったか！担当の穴田佳子さん、二代目担当の阪口 香さん、ライターの柴田くみ子さん、いつも素敵な写真を撮ってくださった下村亮人カメラマン。多忙な中、いつも快く協力してくれたワインショップ『ラ・カーヴ・ド・リーガ』の吉田マネージャー、我がリーガロイヤルホテルソムリエチーム、なかでも窪田チーフソムリエには衷心よりお礼を申します。

最後に、連載に全面的な協力をいただいたリーガロイヤルホテル(株式会社ロイヤルホテル)に感謝申し上げます。

追伸　ワインは飲み物です。頭で考えず、気軽に楽しく仲間とワインワイン、ちょっと〝知ったか〟しながら飲んでください。本書がその一助になれば、それに勝る幸せはありません。

2021年4月22日発行

監修＊岡 昌治

文＊柴田くみ子

撮影＊下村亮人
太田恭史(P18～19、22～23)、森本真哉(P20～21)、
竹中稔彦(P24～25)、塩崎 聰(P34～35)、
高木昭仁(P129～131)、内藤貞保(P162～163)、
エレファント・タカ(P178～179)

カバー・本文イラスト＊西脇せいご

校閲＊みね工房

協力＊ワインショップ『ラ・カーヴ・ド・リーガ』、
『レストラン シャンボール』(フランス料理)
(以上、「リーガロイヤルホテル」)

デザイン＊大久保裕文、深山貴世(Better Days)

発行人:南 左千夫
編集人:中本由美子
編集:穴田佳子
編集アシスタント:奥田眞子
発行所:株式会社クリエテ関西
〒531-0071 大阪市北区中津1-18-6 冨士アネックス3F
編集部:06・6375・2330 販売部:06・6375・2363
印刷・製本:株式会社シナノ パブリッシング プレス

ISBN978-4-906632-48-0